# 改变世界的五项技术

世界を変える5つのテクノロジー
——SDGs、ESGの最前線

[日]山本康正　著

中国科学技术出版社
·北　京·

**图书在版编目（CIP）数据**

改变世界的五项技术 /（日）山本康正著；丁飒飒译 . -- 北京：中国科学技术出版社，2024. 8. -- ISBN 978-7-5236-0846-3

Ⅰ. TB-49

中国国家版本馆 CIP 数据核字第 2024HD5122 号

| | | | |
|---|---|---|---|
| **策划编辑** | 李清云　褚福祎 | **责任编辑** | 褚福祎 |
| **封面设计** | 创研设 | **版式设计** | 蚂蚁设计 |
| **责任校对** | 焦　宁 | **责任印制** | 李晓霖 |

| | |
|---|---|
| **出　　版** | 中国科学技术出版社 |
| **发　　行** | 中国科学技术出版社有限公司 |
| **地　　址** | 北京市海淀区中关村南大街 16 号 |
| **邮　　编** | 100081 |
| **发行电话** | 010-62173865 |
| **传　　真** | 010-62173081 |
| **网　　址** | http://www.cspbooks.com.cn |

| | |
|---|---|
| **开　　本** | 787mm × 1092mm 1/32 |
| **字　　数** | 103 千字 |
| **印　　张** | 7.25 |
| **版　　次** | 2024 年 8 月第 1 版 |
| **印　　次** | 2024 年 8 月第 1 次印刷 |
| **印　　刷** | 大厂回族自治县彩虹印刷有限公司 |
| **书　　号** | ISBN 978-7-5236-0846-3/TB · 124 |
| **定　　价** | 59.00 元 |

# 序
# 2050年的世界即将面对的景象

2050年的夏天，东京的最高气温超过40℃，因中暑死亡的人数达到了6500人，新闻连续不断地播报着这一消息。

“地球变暖？那不过是阴谋论罢了。”

“与其空谈理想，不如关注切实的利益。”

“我一个人的努力又能改变什么？”

这些，是30多年前朋友们的话语，突然间在我的脑海中浮现。

近年来，由于海水温度的上升和海水酸化作用，冲绳的珊瑚礁经历了严重的白化。昔日那绚烂多姿的海底景色已经不复存在，众多曾在此栖息的生命也随之消失。

被称为“超级台风”的特殊天气现象，如今已成为日本的常客，大规模洪水和土石流灾害的画面仿佛成了秋日的标志性景象。

威力加大的台风不仅影响城市的基础设施，也对农田造成了严重损害。因此，食材价格持续上涨，与30多年前相比，除了部分富裕阶层之外，简朴的饭菜已成为常态。

放眼全球，情况更加严峻。

巴黎的最高气温突破了50℃。近几年，类似2003年那场夺走2万人生命的“欧洲热浪”的酷暑，几乎每年都会出现。长期干旱使得农作物枯萎，据说与2020年相比，收获量减少了50%。

曾经，东南亚国家的雨季与旱季会交替出现，而如今，雨季的降水量急剧减少，导致食物产量大幅下降。小麦和大米价格飞涨，贫困加剧、婴幼儿营养不良、不洁环境导致疾病蔓延、饥饿问题日益严重。围绕食物和资源的冲突不仅限于东南亚，在全球范围内也频繁发生，战场上，搭载人工智能（AI）的无人武器成了主角。此外，由于人类对AI武器的监管滞后，廉价的自主型AI武器开始流入恐怖组织之手，导致世界各地频繁发生以普通市民为目标的恐怖袭击。

美国也面临着地下水枯竭的危机。各地爆发了抗议，反对富裕阶层试图独占水资源的行为。

我们将目光投向海洋，南极冰层的持续融化导致全球海平面上升了 1 米。由此，太平洋的岛屿以及世界各地的沿海城市正面临被水淹没的现实，或者处于水淹的紧迫威胁之下。据称，超过 10 亿人的生活受到了影响。被迫离开家园的“气候难民”在新的栖息地与当地居民之间的摩擦日益加剧。

不幸的是，海洋污染已经达到了无法回头的地步。

由于几十年来，每年约有 800 万吨的塑料垃圾被丢弃入海，半永久性地漂浮在海洋中的塑料垃圾和微塑料，对海洋生态系统造成了极其严重的伤害。据说，塑料垃圾的总量已经超过了海洋生物的总量。许多国家的渔业、养殖业和旅游业也陷入了毁灭性的危机。

除非消费者停止大规模生产、大规模消费的

生活方式，各国企业认真对待温室气体排放规制和环境问题，否则，糟糕的未来很可能就在等待着我们。

## 为什么现在需要 ESG[①]、SDGs

近来备受关注的“ESG”和“SDGs（可持续发展目标）”，是人类为了阻止可能出现的反乌托邦化的未来而提出的关键词。

ESG 是衡量企业价值的新标准。本书将在第一章进行详细解释，它不仅强调传统投资所重视的销售额或利润，而且将视角扩展到客户、交易伙伴、员工、地区等利益相关者，从环境、社会、企业治理 3 个方面综合考虑，以此提升企业价值的思维方式。ESG 管理是衡量企业是否能够制定中长期愿景的尺度，推动 ESG 的实施，最终也将促进实现世界

① “环境（Environmental）、社会（Social）、企业治理（Governance）”的缩写。——译者注

共同目标，即SDGs的达成。

本书不仅将ESG视为流行语，而且将其作为企业的新标准，介绍形成这种背景的原因、人类面临的社会问题以及解决这些问题的最前沿技术，以及跨国企业进行的尝试。

同时，书中还会探讨落后于ESG管理的企业如何在未来占领先机，以及商业人士如何在这个变化剧烈的时代中生存，他们需要理解及采取哪些行动。

## 从学习生物学到硅谷投资家

我的职业是以硅谷为基地的风险投资家。简单来说，我的工作是“投资并培育有潜力的创业公司”。在此之前，我在文科和理科之间不断学习，这也成为我作为一名风险投资家的优势。

在京都大学学习生物学期间，我通过交换留学项目访问了新西兰，这成为我对环境问题产生兴趣的契机。之后，我在东京大学研究生院学习环境学，作为在日本国际协力机构（JICA）进行的研究的一部分，我访问了东帝汶等发展中国家。就在那时，我目睹当地的严峻现状后，开始认真思考可持续性支持和国际贡献的方式。

毕业后，我先在纽约的一家金融机构工作，然后在哈佛大学研究生院获得了理学硕士学位（顺便一提，哈佛大学的全日制项目中没有“可持续性硕士”这一学位。在类似终生学习的延伸学院项目中则设有此类课程）。之后，我加入了谷歌，担任行业分析师，向大公司的首席执行官和其他高管介绍世界最前沿的技术和服务，传达如今所说的数字化转型的理念。之后，我选择独立，成为一名风险投资家。

从那时起，我一直在对那些拥有“可能改变世界”的技术和机制的创业公司进行投资。

作为一名投资者，我坚持的原则是：不投资那些仅以赢利为目的的公司。我始终重视创业公司所持有的技术和愿景将如何在社会中发挥作用，以及它们的成长是否能积极地改变世界。社会问题繁多，不仅大公司需要承担责任，创业公司也应利用技术来解决这些问题。

## 要意识到逃避至“去增长[1]”的风险

如今，日本正逐渐兴起一股“去增长”的思潮。这背后可能是对全球资本主义引发的环境破坏和人力剥削行为的反思与批判。我认为，对于财富和权力集中在少数大企业手中的资本主义体系的质疑，以及对频繁涌现的最新技术的抵制和怀疑，也与此有关。

此外，种种危机造成的心理和身体疲惫，也可能促使人们倾向于寻求“去增长”这一幻想作为寄托。

要实现一个比现在更公正的社会，我们需要持续审视和调整社会结构及其再分配机制。我们应当

---

① “去增长”主张发达国家停止对经济增长的片面追求，通过减缓经济增长达成一种可持续发展的稳态经济。——译者注

改进现有的资本主义系统。为此，我们应该引入新技术，在全方位地吸引各方利益相关者的同时，个人、公司乃至整个社会都应持续成长。

为了让我们每个人都将 ESG 和 SDGs 视为“个人之事”，我们需要了解世界的最前沿。获取正确的知识，即获得对假新闻这种“传染病毒”的免疫力。

接着，我们要从科技与商业交汇的领域，重新审视资本主义。特别是 ESG，它不仅是影响企业成长的重要议题，也是新时代的生存战略。

希望大家能通过阅读本书，深入理解 ESG，将其作为指引企业正确成长的道标。

# 目　录

1

# 第一章

# ESG 是商业的基本条件

## 同时追求可持续发展与经济增长的必然性

现今，企业开始追求促进社会可持续发展，不再仅是为了简单的公关效果或改善声誉。对于依靠长远眼光展开商业活动的全球化公司来说，考虑环境问题、基于可持续性原则构建企业管理和业务，已经成为吸引全球市场投资者投资的关键要素。

在日本，一听到“保护地球环境活动”，就认为这与科技发展背道而驰的人，仍然不在少数。事实上，为了解决社会性的课题，也有很多讨论认为平台型企业应该承担责任。

然而，近年来，在环境领域的措施等方面，以谷歌（Google）、苹果（Apple）、脸书（Facebook）[现改名为元宇宙（Meta）] 和亚马逊（Amazon）为代表的 GAFA 等数字巨头，在成长迅猛的科技公司中的影响力日益增强。

例如，谷歌利用 AI 优化电力使用，成功将服务器冷却所需电量减少了约 40%。考虑到谷歌这样的巨型数字平台运营商的数据中心耗电量，几乎可与一个国家相匹敌，这样的成果无疑具有重大影响。

另外，微软宣布计划在 2030 年前达到碳负排放。所谓的“碳负排放”是指吸收的二氧化碳量超过排放量，对抑制全球变暖有着重要贡献。微软还承诺“将在 2050 年前清除自 1975 年成立以来所有企业活动排放的二氧化碳”，并为此成立了专注于环境问题的新技术投资基金“气候创新基金”。

亚马逊的前首席执行官杰夫·贝佐斯（Jeff Bezos）也成立了专注于气候变化的“贝索斯地球基金”，并宣布将自己约 1% 的私人财富，相当于 1 兆[①]日元的资金，投入该基金。

苹果在 2021 年的股东大会上宣布，将来所有产品都将只使用回收材料生产，并且公布了将产品制造所用电力全部转为可再生能源的计划。

这些世界领先的巨型科技公司，以其超过 100 兆日元的市值为荣，供应链遍布全球。它们的业务对社会产生了巨大影响，与各国政府的对话变得越

① 1 兆 =10000 亿。——编者注

来越重要，而且它们的业务也可能成为监管的对象。

因此，公司不仅要追求环境问题等可持续性问题，即公益性，还要追求公司的经济增长。

## 技术：解决社会问题的最强工具

正如本书序章中所述，我因对社会问题的关注而在东京大学研究生院学习环境学。解决环境问题需要国际合作。因此，我参与了日本国际协力机构（JICA）的研究，并在此过程中访问了东帝汶、缅甸、柬埔寨等发展中国家，并在外务省实习，获得了实际了解情况的机会。

这些经验让我深刻体会到解决环境问题需要掌握各个领域的“武器”。

解决环境问题需要超越政治学、经济学、地缘政治学、法律、化学、建筑、公共卫生等学科领域，需要运用各种手段和技术的组合。因此，技术发挥着至关重要的作用。

不太关注海外案例的人，会误认为技术加速将导致资源浪费，从而对环境问题产生负面影响，这样的人不在少数。

但实际上，情况恰恰相反。如今，先进企业的各种尖端技术正在被用于探索解决社会问题的方法，并在提高可持续性中发挥着重要作用。越是那些运用高科技的先进企业，越不仅追求利润，而且更重视公共利益，从而致力于解决环境问题等社会问题，并开展有助于社会可持续性的业务。

## ESG= 衡量企业的“非金钱”指标

像这样推动企业重视公共利益的，正是本书的主题之一——ESG。ESG 的思想如图 1-1 所示。

ESG 中的 E 代表环境，S 代表社会，G 代表企业治理。在一般情况下，私营企业重视的评估项目是销售额、利润等业绩和财务指标。

然而，仅凭财务信息无法判断公司的可持续性或长期赢利能力。因此，除了金钱之外，引入了“非财务信息”这一维度，即环境（E）、社会（S）、公

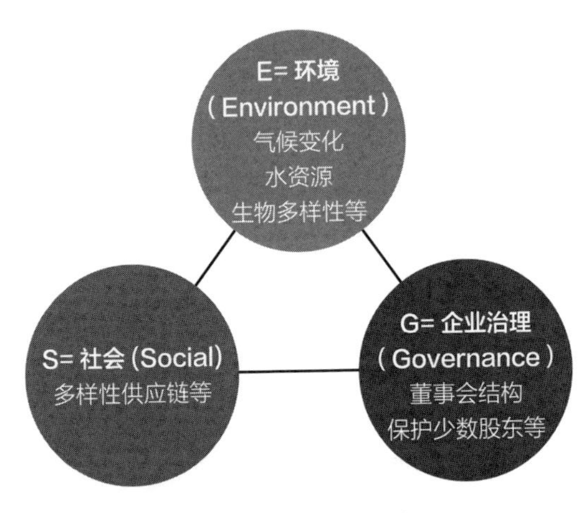


图 1-1　ESG 的思想

※ 根据 GPIF 资料制作。

司治理（G）3 个方面。从“非财务信息”的角度出发，对致力于履行社会责任的公司进行评估，并重视“持续增长并产生长期利润”的企业投资，这就是 ESG 投资。

ESG 受到重视的背景，是金融行业在投资价值判断上的转变。

为什么 ESG 会受到全球的关注呢？让我们回顾一下它的主要发展历程吧。

## 从联合国千年宣言开始的全球共同目标

自 20 世纪下半叶以来，考虑到全球范围内的未来世代，国际社会一直将“可持续发展”视为一个重要议题。这一关注在 2000 年 9 月达到顶点，当时，参加联合国千年峰会的 189 个国家一致通过了《联合国千年宣言》。

基于这个契机，2001 年制定了一系列国际社会共同目标，即到 2015 年应当实现的“千年发展目标（Millennium Development Goals，简称 MDGs）”。实际上，MDGs 正是 SDGs（Sustainable Development Goals）的前身。

在 MDGs 中，除了确保环境可持续性外，还设定了 8 项目标、21 项具体目标和 60 项指标，包括消除极端贫困和饥饿、实现全面初等教育、推动性别平等和提升妇女地位等。国际社会为实现 MDGs 所做的努力，在减少贫困、提高初等教育入学率等方面，在世界范围内取得了一定成效。

## 从 MDGs 到 SDGs 的转变目的

于是，在 MDGs 的最终年，即 2015 年 9 月的联合国峰会上，193 个成员国通过了 SDGs。

在 SDGs 中，展示了至 2030 年，17 个领域的具体目标，包括贫困问题、不平等问题、能源、气候变化、海洋环境、冲突等。换句话说，经过 15 年的实践，国际社会将 MDGs 重塑并更新为 SDGs。根据我个人参与对发展中国家支援工作的经验来看，解决重大社会问题需要很长时间。因此我们几乎可以肯定，在 10 年、20 年内解决所有问题是不现实的。

另外，在长期解决问题的过程中，个人和组织都不可避免地会经历疲劳的时期。简而言之，就是会出现松懈期。从 MDGs 向 SDGs 的转变，或许也是为了在这种松懈时刻，通过更换标志，实现心态的焕然一新，并重新激活朝着目标前进的动力。从 MDGs 到 SDGs 的变化如图 1–2 所示。

实际上，从营销的角度来看，这样的策略也是

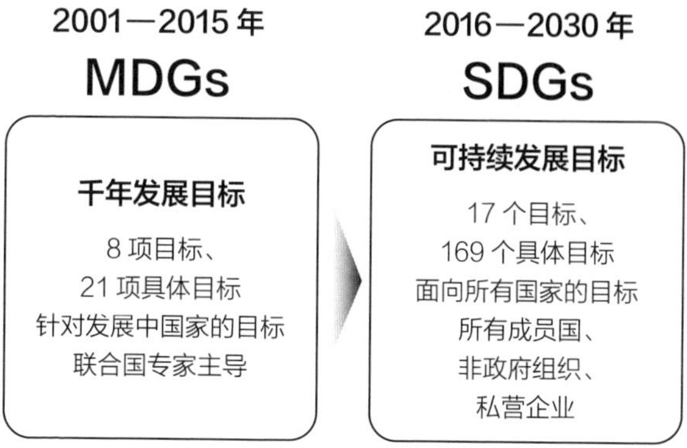

2001—2015 年
MDGs

千年发展目标
8 项目标、
21 项具体目标
针对发展中国家的目标
联合国专家主导

2016—2030 年
SDGs

可持续发展目标
17 个目标、
169 个具体目标
面向所有国家的目标
所有成员国、
非政府组织、
私营企业

图 1-2 从 MDGs 到 SDGs

※ 根据外务省资料制作。

有意义的。当想要更新内容时，通过改变命名以吸引注意，无论在哪个领域，都是进行长期活动的必要条件。

在科技行业中，也出现了从“泛在”到“物联网”，从“信息革命”到“数字化转型”的词汇变化。这些同样是出于营销的目的。例如，第一次听到“社会 5.0（Society 5.0）”这个词的人可能会想，“那是什么？”“只有我不知道吗？”从而产生兴趣和危机感，并主动去了解。顺便说一下，社会 5.0 是日本政府提出的一个概念，旨在利用 AI、区块链等最新技术，将日常生活智能化，并力求解决地区间的不平等和各种社会问题。

由于解决社会问题需要很长时间，为了持续吸引公众的关注，改变概念并创造新关键词这一策略是非常必要的。

## SDGs 所提出的 17 个目标

SDGs 作为近年来的热门词，相关的书籍陆续出版，并被媒体频繁提及。

在这里，让我们再次介绍一下 SDGs 旨在 2030 年之前实现的 17 个目标。

目标 1：消除贫困。

目标 2：消除饥饿。

目标 3：确保所有人的健康和福祉。

目标 4：提供优质教育。

目标 5：实现性别平等。

目标 6：确保全球范围内的清洁水和卫生设施。

目标 7：确保可持续的能源。

目标 8：促进有意义的工作和经济增长。

目标 9：构建产业和技术创新的基础。

目标 10：减少人与人、国与国之间的不平等。

目标 11：建设可持续居住的城市。

目标 12：负责任地生产和消费。

目标 13：采取具体措施应对气候变化。

目标 14：保护海洋资源。

目标 15：保护陆地资源。

目标 16：促进全球和平与公正。

目标 17：通过伙伴关系实现目标。

这 17 个目标覆盖了人权、经济、环境、和平等领域，并且细化为 169 个具体目标以及 232 个评估指标。

SDGs 通过设定涵盖多样社会问题的具体目标，为实现可持续社会的活动提供了全球一致的方向。SDGs 以“不让任何一个人掉队”为宗旨，各国政府、城市以及众多公司都在努力推进实现这些目标。

## 雷曼兄弟破产：SDGs的催化剂

正如刚才所说，SDGs与MDGs的一个重要区别是包括私营企业在内的所有人和物都是参与者。公司被要求通过其业务（主营业务）来帮助解决问题，但它们为什么会有如此高涨的热情呢？

实际上，众多企业开始关注SDGs，很大程度上是因为金融行业的先行举措带来的显著影响。

2006年是转折点，当时的联合国秘书长安南向金融行业提出了负责任投资原则（Principles for Responsible Investment，简称PRI）。

PRI要求机构投资者在投资时，充分考虑环境、社会、企业治理问题，并反映在评估中。也就是说，这是ESG的起点。赞同PRI思想的投资者规模持续增长，随之，作为衡量企业投资价值的新评价项目，ESG的概念也逐渐普及开来。

进一步提升了全球对ESG的关注度的，是2008年发生的雷曼兄弟（Lehman Brothers）破产事件。由于美国针对低收入者的住房贷款（次级贷款）变成不良债权，大型投资银行雷曼兄弟破产。此事引发了全球股价下跌和金融危机，大型银行和房地产公司纷纷面临经营失败。

雷曼兄弟陷入了“太大而不能倒（指企业规模大到一旦破产，将对经济造成毁灭性打击，因此需要政府支持）”的状态，政府不得不向包括保险业巨头 AIG 在内的公司投入公共资金。这引发了道德风险问题，即赢利时归自己，亏损时求政府救助的情况。

然而，只有大型金融机构得到救助，这种不公平的情况激发了普通民众的愤怒。对政府和金融行业的批评此起彼伏，最终在 2011 年演变成规模庞大的“占领华尔街（Occupy Wall Street）”示威运动。

当时，我在三菱东京日联银行（现三菱日联银行）的纽约美洲总部工作，目睹了当时的现场。三菱东京日联银行采取了相当保守的投资组合管理，因此雷曼兄弟破产引发的损害较小。但看到美国投资银行通过金融工程手段分割[①]并抛售高风险金融

---

① 将不同金融资产分割成多个部分，并将这些部分打包成新的金融产品出售。——译者注

产品时，我常感到恐惧，担心这最终会不会像多米诺骨牌一样引发连锁的损失。同时，由此引发的雷曼兄弟破产成为金融行业的转折点，这一点不仅可以从雷曼兄弟与贝尔斯登（Bear Stearns）被摩根大通（JPMorgan）吸收、美林（Merrill Lynch）被美国银行（Bank of America）吸收的情况中感受到，而且像高盛（Goldman Sachs）、摩根士丹利（Morgan Stanley）这样的巨大投资银行也差点崩溃，更让人非常直观地感受到了这一点。

金融危机是由优先追求短期利益的思想所引发的，这就导致对“短期主义”的批评和反思迅速增加。作为这种思想的对立面，投资者和企业开始重新重视评价长期和可持续企业价值的 ESG。

## 引领 ESG 思想的金融业

最先开始引领这一趋势的是欧洲。

欧洲议会积极推动了 ESG 投资，领先全球进行了相关工作。欧洲本来就对环境问题非常敏感，这可能是欧洲在相关领域先行一步的背景原因。

欧洲金融业的行动影响了美国，导致原本以利益最大化为主的美国机构投资者的观念也开始转变。越来越多地，他们开始优先考虑投资对象对社会的影响和公益性，从而做出投资选择。世界可持续投资额如图 1–3 所示。

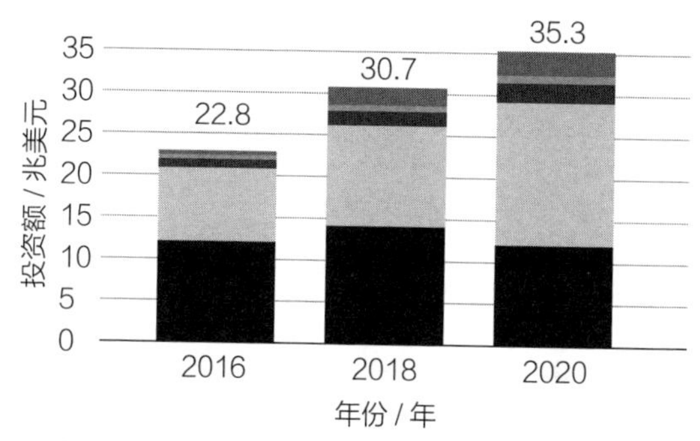


**图 1–3　世界可持续投资额**

※ 根据《2020 年全球可持续投资回顾》制作。

从 2016 年以来 ESG 投资的增长率来看，美国、加拿大、澳大利亚、新西兰以及日本的 ESG 投资额逐年增加。对社会问题解决方面的投资呈现快速增长趋势，到 2020 年，其总额已达到 35 兆美元这一巨大规模。

“气候相关财务信息披露工作组”（TCFD）在2017年的建议中，推荐企业自愿披露与气候变化相关的信息，这也对投资者和金融机构的观念产生了重大影响。

## 贝莱德集团大转变使股票市场震荡

在各方面压力的影响下，世界各大企业也开始认真投入到ESG管理中。

美国的大型资产管理机构贝莱德集团（BlackRock），管理着大约9兆美元的资产，过去并未被认为是积极应对环境问题的企业。然而，该企业在2020年大幅转变了其投资策略。它宣布了一项全面的“可持续性宣言”，将气候变化置于投资决策的核心。除了出售了超过50亿美元的石油相关股份之外，还向244家未遵守气候变化应对标准的企业发出通知，表明了将可持续性置于投资策略核心的态度。

贝莱德集团发布的“可持续性宣言”对全球股票市场产生了巨大影响。作为全球规模最大的资产管理机构之一，贝莱德集团的转变再次向企业界传递了明确信号：那些不关心 ESG 的企业将不再被视为理想的交易对象，将在资金筹集方面处于劣势。

遗憾的是，环保组织和普通消费者对环境问题的诉求，往往难以真正推动企业产生集体影响①。从这个层面上来说，美国 ESG 投资的扩张趋势，在很大程度上是由金融行业的主导驱动的。

从全球视角来看，自 2016 年以来，各国开始着手实现 SDGs 目标，ESG 投资活动也随之活跃起来。全球投资判断的趋势已转向更加重视 ESG 的方向。

2019 年，美国主要企业的高管组织商业圆桌会议发表声明，表示将重新审视股东至上主义，强调重视考虑所有利益相关者，包括员工和地区社区等的经济活动。这对全世界产生了重大影响。

---

① 多方主体协同合作的影响。——译者注

商业圆桌会议的主席，同时也是投资银行摩根大通首席执行官的杰米·戴蒙（James Dimon）先生，是美国银行业的重要代表人物。正是他宣布了要转变股东至上主义，这一声明让人们强烈感受到了雷曼兄弟破产大约10年后，美国金融业意识的变化。

## 日本的ESG投资从何时开始

虽然ESG投资已成为全球潮流，但直到2015年，它在日本才开始被广泛认知。这得益于年金积立金管理运用独立行政法人（GPIF）签署了负责任投资原则[①]（PRI），这成为一个重要的转折点。日本可持续投资额如图1–4所示。

此后，作为全球最大级别、管理着约180兆日元的GPIF，大幅转变了资产管理的方向，朝着PRI推动的ESG投资迈进。ESG投资的对象从仅限于股

① 是一个由联合国支持的金融机构组成的国际网络。——译者注

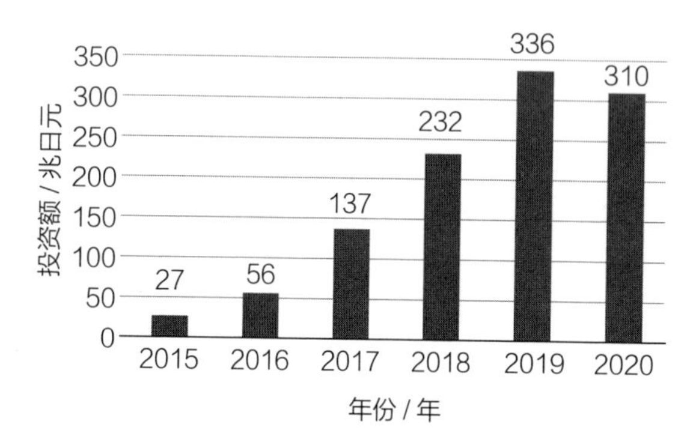


**图 1-4 日本可持续投资额**

※ 根据日本可持续投资论坛资料制作，各年数据均为 3 月底的实际情况。2020 年的投资额由于受新冠病毒疫情影响股价下跌而减少。

票，扩展到了全部可用资产。

由于规模庞大，被称为“市场上的鲸鱼”的投资机构 GPIF，其动向对全球投资资金有很大的影响，迫使日本企业开始认真对待 ESG。如果企业不从 ESG 角度构建中长期可持续的增长战略和风险管理，其企业价值可能会下降，股价下跌的风险非常大。GPIF 推动了 ESG 投资，改变了日本的投资潮流。

然而，虽然不断增长的 ESG 投资市场规模已超过 35 兆美元，但其中超过 80% 是由欧洲各国和美国占据，日本的比例尚未达到10%。虽然日本的增长率也很高，但其目前的市场影响力远称不上巨大。

### CSR、CSV、ESG的区别

在欧美，ESG投资得以大幅成长的另一个背景原因，与"企业公民"这一概念的普及有关。这一概念认为"企业在追求利润之前，首先是社会的一员，对社会负有责任"。

曾经，对社会贡献积极的大企业会设立CSR（Corporate Social Responsibility的缩写，企业社会责任）部门。CSR的理念是：企业不仅应为自己的股东和员工带来利益，也应对整个社会有所贡献，包括捐款、慈善活动、环境保护等。

然而，在日本企业中，对CSR的投入，大多是以提升形象或品牌塑造为目的，而不是真正为实现可持续性发展。在雷曼兄弟破产导致经济恶化的背景下，许多日本企业削减了CSR预算，也正印证了这一点。

进入21世纪10年代，与以慈善活动为主色调的CSR不同，主动解决社会问题的CSV（Creating

Shared Value 的缩写，创造共享价值）概念在日本流行起来。企业以自身的业务积极参与解决社会问题。这种与企业公民精神重叠的 CSV 概念，是 ESG 投资趋势中的一个参考点。

如前文所述，日本企业对企业公民精神的理解并不深入。这是因为，企业公民的核心，要求企业从全球视角审视自己如何为可持续发展做出贡献。

由于日本企业的销售大多依赖日本国内市场，之前没有必要从这样的全球视角进行考量。据我观察，从全球企业公民的视角开展业务的日本企业，可能还不到 100 家。这也是日本 ESG 投资相比欧美落后的原因之一。

图 1–5 为 ESG 投资与 SDGs 的关系。正如前文所述，雷曼兄弟破产后，欧美开始重新审视“短期主义”和“股东至上主义”，重视从可持续性角度出发的长期和持续增长。随着 ESG 投资的普及，那些致力于 SDGs 等相关目标的企业也获得了投资者更高的评价。针对 ESG 和 SDGs 的努力需要体现在企业的经营理念中，并贯穿于企业决策、产品开发

等各个层面。这不仅是一个单一的政策或措施，而是一种全面的经营理念。

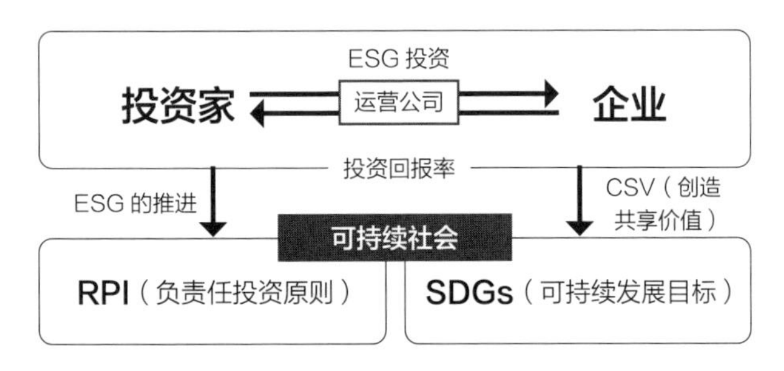


图 1-5　ESG 投资与 SDGs 的关系

※ 根据 GPIF 资料制作。

然而在日本，仍有许多管理者和投资者，仅将对可持续的努力视为“CSR 的延伸”。他们认为这些努力与企业收益没有直接关系，只要能改善声誉就足够了。甚至还有投资者对企业关注环境问题持怀疑态度，认为这会导致成本增加，是一种额外负担。

## ESG 是企业参与市场的基本条件

但是，全球范围内，朝着实现 SDGs 目标的活动正变得日益活跃，签署 PRI 的机构数量持续增加。全球的环境相关投资已远超过 3000 兆日元，许多资金正在流向 ESG 投资。

从长远来看，ESG 投资并不会牺牲企业的业绩。相反，它促进了企业的发展，并为投资者带来了回报。可以说，ESG 与资金筹集直接相关，是一个更具体、更具战略性的视角。

此外，鉴于外国投资者在东京证券交易所交易额中占有超过一半的份额，即使是日本企业也难以避免受到其影响。对于未上市的中小企业来说，情况也类似，他们可能需要依赖外部资金筹集渠道或建立合作伙伴关系。

例如，苹果或微软不仅在其自身企业实施可持续性的措施，还将这些措施扩展至整个供应链。换言之，那些缺乏对可持续性考虑的企业可能会被排除在客户的供应链之外。作为合作伙伴，供应商企业同样承担着相关责任。

这样的趋势未来肯定会持续下去。在日本，ESG 投资也将进一步普及，市场规模预计将继续扩大。展现出作为可持续企业的态度，已经成为参与商业活动的基本要求。因为那些对降低环境负荷无所作为的企业，甚至无法成为 ESG 投资者投资对象的候选。

企业能为社会做些什么？

为了持续成为社会和投资者所期待的企业，应该做些什么？

如何调整可持续性、公益性与经济增长之间的平衡？

所有企业都已进入了必须认真对待可持续性的阶段。仅表现出看似关注环境的姿态，很快就会被识破为“漂绿[①]”，并因此遭受损失。时代在发生变化。

希望读到这里，你已经理解了 ESG 的重要性。在第二章中，我们将具体介绍成为 ESG 时代关键词的社会问题，以及可能解决这些问题的前沿技术。

---

① 表面上的环境呼吁而非实际行动。——译者注

2

# 第二章

# 2030 年拯救世界的科技

## 仅凭小规模的环保努力无法解决环境问题

随身携带环保购物袋，不使用塑料制品，努力节约能源……在日常生活中，每个人都可以实践的这些小小的努力，是提升社会整体意识的必要之举。然而，只要人类还在以目前的速度产生大量垃圾，随意消耗经年累月才形成的天然资源，并在未能有效减少碳排放的情况下继续生产活动，那么遗憾的是，我们将无法减缓气候变化的速度。

温室气体会导致全球气温升高。研究人员警告说，到 2070 年，地球上约有三分之一的人口可能将生活在与撒哈拉沙漠一样炎热的环境中。我们已经到了仅靠个人消费行为和小规模努力，无法阻止气候变化危机的阶段。

那么，我们应该从哪里寻找希望之路呢？

我坚信，答案在于技术。

要解决我们面临的各种社会问题，包括环境问题、能源资源问题、粮食饥饿问题、教育不平等和贫困以及与水和卫生相关的健康福祉和医疗问题等，新兴技术的力量是必不可少的。

2020 年 10 月，日本政府宣布了“2050 年实现碳中和”的政策。随着全球去碳化的潮流，日本国内产业中着手实施正式 ESG 经营战略的企业数量急剧增加。

如今，各国进入了 ESG、SDGs 的时代，以解决社会问题为目的的业务和技术正受到瞩目。

在本章中，我们将探讨掌握拯救人类关键的前沿技术。

（1）食品科技
（2）教育科技
（3）健康科技
（4）清洁科技
（5）回收科技

我们将围绕这 5 个类别，全面介绍这些话题。

# 食品科技

全球约有7.2亿至8.1亿人口处于饥饿状态。一方面，每10人中就有1人饱受饥饿之苦，患有慢性营养不良。另一方面，预计到2050年，全球人口将达到97亿人。

在土地和水资源有限的情况下，我们该如何应对眼前的饥饿问题及未来的粮食需求？如何应对中产阶级扩大带来的蛋白质危机[①]？让我们借助“食品科技”和“农业科技”这些有望解决食品和水资源短缺问题的尖端技术，来探讨与食物和水相关的状况，以及支持它们的农业领域的潜力。

## 预计700兆日元市场的食品科技

首先，让我们来看看与每个人都息息相关的食物问题，以及有望解决这些问题的技术——食品科技。

① 由于人口增长和环境变化，可能造成肉类等蛋白质食品的短缺，被称为“蛋白质危机”。——译者注

食品科技是“食物”和“技术”结合的新词。食品产业的体系包括从食品生产到流通、消费的全过程，是与 SDGs 的 17 个目标之一“消除饥饿”密切相关的重要领域，同时也与环境和能源问题紧密相连。

到 2025 年，食品科技市场的规模预计将达到 700 兆日元。在日本，农林水产省也在 2020 年成立了“食品科技官民合作会议”，明确表明将支持这一成长产业。

在备受期待的新兴食品科技产业中，尤其引人注目的，是作为新型蛋白质来源而出现的“人造肉”这一类别。人造肉，顾名思义，是不使用动物肉，而是通过技术再现肉的口感和风味而制成的食品。人造肉大致可以分为两类：一类是通过加工植物来源的原料制成；另一类是从家畜细胞中提取一部分进行培养，通过生物技术复现肉的风味和口感。

为什么不用真正的肉，而是特意制作肉类替代品来应对不断增加的需求呢？这背后与人口的迅速增长，以及对环境的关注，即可持续性意识的提升有关。

根据联合国的报告，预计到2050年，全球人口将达到97亿人。随之而来的中产阶级的增多，将导致作为主要蛋白质来源的肉类消费增加。而现有的家畜生产量无法满足需求，预计将引发蛋白质来源短缺的“蛋白质危机”。

### 畜牧业对动物和地球的伤害

此外，近年的研究表明，肉类贸易“对地球环境并不友好”。例如，为了放牧，需要砍伐森林并消耗大量水资源。在饲料的生产、运输以及粪尿处理过程中也会排放二氧化碳，而且动物的打嗝和放屁，每年会排放大量的甲烷。

无须多说，二氧化碳和甲烷都是引起全球变暖的温室气体。事实上，约4%的温室气体排放量来自“过度的畜牧业”。当然，从质疑畜牧动物处置方式的动物伦理观点出发，向人造肉的转变也是受欢迎的。

像这样，不仅是出于动物伦理或健康方面的考虑，也是基于对环境的考虑，欧美国家选择成为素食者或严格素食者[1]的人数正在增加。在海外颇受欢迎的日本料理店，如拉面店一风堂，为迎合这样的顾客，在2021年2月推出了限量供应的素食拉面，使用植物性原料代替了猪骨汤底。据说顾客反响良好，未来的发展令人期待。

## 在全美大受欢迎的人造肉汉堡

最先捕捉这一人造肉市场需求的是美国的创业企业“别样肉客（Beyond Meat）”和“不可能食品（Impossible Foods）”。

在美国，被誉为国民食品的汉堡，是人造肉成为热门的契机。别样肉客开发了一种名为“别样汉堡（Beyond Burger）”的汉堡，这种汉堡的肉饼是以豌豆等植物来源的蛋白为基础制成的。当它在全食超市（Whole Foods Market）这样的大型食品

① 素食者只会吃植物性食性、奶和禽蛋，严格素食者只会吃植物性食物，不吃奶和禽蛋。——编者注

超市销售时，迅速成为热销产品。在 2019 年，别样肉客成为首个作为人造肉生产商在纳斯达克上市的企业。

另一方面，由著名生化学家、斯坦福大学名誉教授帕特里克·布朗（Patrick Brown）博士创立的不可能食品公司，使用大豆和土豆等作为原材料，并利用专利技术，对来源于大豆的蛋白质进行处理，制成“血红素[①]”，成功再现了肉的味道和口感。自从在全美的汉堡王（Burger King）推出“不可能皇堡（Impossible Whopper）”以来，该企业又成功拓展到了亚洲市场。

在对环境问题意识较高的加利福尼亚和纽约的餐馆里，“素食 / 非素食”这样的标志在菜单上已是司空见惯。实际上，我自己在加州一家时尚的餐厅聚餐时，无意中翻看菜单，注意到了紧挨着真正的汉堡菜单印着“面向纯素主义、素食主义”标记的

---

① 血红素是存在于血液中的血红蛋白和肌肉中的肌红蛋白中的分子，因其能够产生肉类特有的色泽和味道，而被用于人造肉的生产中。——译者注

“不可能的”汉堡。而且，这个人造肉汉堡的价格比真正的汉堡要便宜，所以我品尝了一下。

坦白说，我的感想是：“虽然不能说格外美味，但也没有太大的违和感。”但是，别样肉客和不可能食品都在不断地进行日复一日的改良，推出了第一代、第二代产品，味道和口感都确实在不断提升，越来越接近“真正的肉”。

此外，不可能食品还开始生产使用植物来源的材料制成的“鱼肉”。考虑到长期以来由于过度捕捞导致的渔业生态系统破坏问题，这也是一个自然而然的趋势。

不仅是美国的初创企业，加拿大的蛋白花园（Gardein），丹麦的天然之选（Naturli’），荷兰的魔法肉（Mosa Meat）和米特肉（Meatable），以色列的超级肉（SuperMeat），中国香港的杂食咖（OmniPork）等，世界各地的食品科技企业都在激烈竞争。

随着市场的进一步扩大，人造肉的制造成本也应该会降低。虽然现在还有一部分关注集中在新奇性上，但未来，人造肉预计将逐渐成为一个普遍的选择，并在市场上稳固其地位。

## 日本的“新肉（Next Meats）”在十余个国家推广

目光转向日本的人造肉市场。遗憾的是，总体来说日本在这一领域相对落后。在国家资金筹集排名中，日本位列第 13 位，不仅低于部分欧美国家，还低于印度、哥伦比亚和印度尼西亚。投资规模较小是一个原因，但社会整体对于畜牧业给环境带来的高负荷认识不足，也可能是导致这一现象的原因之一。

然而，也有一些日本企业，被视为这个领域中的独角兽企业。

2021 年 6 月，位于东京的人造肉初创企业 Next Meats 完成了约 10 亿日元的资金筹集，成为被热议的话题。该企业开发了世界首款用于烧烤的人造肉“NEXT 烧烤”系列，以及 100% 植物性的“NEXT 牛肉饭”和“NEXT 鸡肉”。

在面向 ESG 投资的植物科技相关企业的全球指数列表中，紧随别样肉客和特斯拉（Tesla）之后，该企业作为日本唯一的人造肉品牌被选中。该企业不仅在日本，还在越南、中国台湾等超过 10 个国家和地区设有常驻员工，并正在巩固生产体系。位于新潟县长冈市的研究室“新实验室（NEXT Lab）”，正在开展植物性蛋白质以及微型藻类等广泛的替代蛋白质研发工作。这是一个具有成为全球平台运营商潜力的罕见的日本初创企业。

Next Meats 继人造肉之后的下一个动向是，成功地将不含动物成分的植物性“人造鸡蛋”产品化，命名为“新蛋 1.0（NEXT EGG 1.0）”。该企业于 2021 年 7 月宣布，这一产品将在日本市场进行先行销售。

顺便一提，就在 2021 年 6 月，丘比（Kewpie）也开始销售以大豆为原料的人造鸡蛋（风味类似炒鸡蛋的产品）。目前，像“NEXT EGG 1.0”一样，主要是作为商业用途销售给酒店和餐饮店，但预计最终将推广至普通消费者市场。植物来源的人造鸡蛋的需求预计将持续稳定增长。

## 营养价值高且环保的昆虫食品的可能性

作为代替动物性蛋白资源的新选择，昆虫食品也受到了广泛关注。

昆虫食品最大的优势在于，与牛、猪、鸡等家畜相比，它所需的水资源、饲料和土地极为有限。昆虫成长速度快且可在小空间内饲养，因此需要投入的资源较少，同时对环境的负担也比较小。

昆虫富含蛋白质和钙，作为食品具有高营养价值。鉴于昆虫的天然种群数量众多，联合国粮食及农业组织（FAO）也从追求持续稳定的食品供应角度，推荐昆虫食品。

在国外，以蟋蟀、面包虫（拟步甲科昆虫幼虫）为基础的食品开发的初创企业已经陆续出现。在日本，2020 年无印良品开始销售含有蟋蟀粉的“蟋蟀煎饼”，引起了广泛关注，现已成为常规产品。

未来昆虫食品是否能普及，将取决于能否消除人们对“吃虫子”这一行为的抵触感。如果能推出带来积极惊喜、能跨越这一障碍的产品，完全有可能大获成功。就像绿格拉（Euglena）公司成功将原生动物绿虫藻作为营养丰富的食材商品化一样，一旦认知度提升，公众的抵触感也会逐渐减弱。

此外，也有日本的初创企业并非将昆虫仅视作食材，而是尝试将昆虫的能力与技术相结合。2016年成立的蝇力（MUSCA）公司，利用我们熟知的一种苍蝇——家蝇的分解废弃物的能力，通过生物质循环系统，短时间内将废弃物转化为有机肥料或高营养价值的饲料。也就是说，生产过程本身就是对环境友好的。昆虫食品的普及和昆虫技术企业的发展，正在推动更可持续的产业基础的建立。

### 以农业科技解决饥饿问题

当我们考虑食品产业中的ESG问题时，与之相关联的便是农业领域。将农业与技术结合在一起的“农业科技”正在促使我们重新审视传统的农业方式。

许多面临食物短缺的国家，往往是因为自然灾害或土地条件不佳，导致土地不适宜种植农作物。那么，在不适宜农业的土地上，如何确保食物的稳定供应呢？“植物工厂”是其中一个答案。

让我们来看一个前沿案例。由日本人担任首席执行官，在纽约经营的植物工厂初创企业“美味农场（Oishii Farm）”通过自主开发的先进自动气候管理系统，人工控制光的波长、温度、湿度等，成功实现了蔬菜和水果的稳定大规模生产。

这种“箱式植物工厂”无须受土地气候条件或外部资源的影响，可以全年进行种植，实现了生态化和无农药栽培。它有望为农业界带来一场范式转移[①]。

从可持续性的角度来看，植物工厂具有很大的优势。其中一个突出的特点是可以回收利用水资源。美味农场通过回收利用水资源，与传统农业相比，能够减少超过90%的用水量。考虑到日本每年

① 又称典范转移，用来描述在科学范畴里，一种在基本理论上对根本假设的改变。——译者注

用于农业的用水量占到总用水量的三分之二，植物工厂的发展有可能大幅改变农业的形态。

美味农场在 2021 年宣布了 65 亿日元的大型资金筹集，向世界级的植物工厂稳步发展。

像该企业这样的植物工厂模型，虽然在目前阶段还未得到普及，但其自动生产一体化系统被广泛应用也只是时间问题。在解决“获取食物困难”这一根本性问题上，植物工厂提供了一线希望。

### 农业与化学、技术完美契合

想知道在什么样的土壤中，提供多少水分，以什么频率排除干扰物以妥善培养作物？这种追求合理性的农业，非常适合与科技相结合。利用人工智能和机器人的新世代农业被称为农业科技、智慧农业等，已经在许多国家得到应用。

例如，在以往的农业中，“这里的叶子颜色不好，我们摘掉它”这样的作物培养决策，是由人类用眼睛观察并根据经验和知识适时做出的。

但现在，装有摄像头传感器的机器人可以检查作物的生长状态，并基于图像分析来剪掉相应的叶子，这一操作已经被广泛使用了。

对收集到的大数据进行分析，正是人工智能擅长的领域。因此近年来，通过将人工智能和机器人技术与农业相结合，农业领域的自动化迅速发展。或许在不久的将来，只需按下一个按钮，农业机器人就能自动耕作数百平方米的田地。目前已经有自动飞行无人机负责喷洒农药的案例，如果在无人机上安装摄像头传感器，就能实现从空中进行图像分析。

目前，同时担任电动汽车制造商特斯拉和太空探索初创企业太空探索技术公司（SpaceX）首席执行官的埃隆·马斯克（Elon Musk），正在推进卫星互联网网络“星链（StarLink）”，其商业服务正在逐步普及。这使得过去无法覆盖信号的偏远地区也能实现农业自动化。从浇水、巡视、收割到运输，所有农业工作都有望由机器人代替人类完成。

在人口老龄化日益严重、继承人短缺的农业领域，农业科技的发展使得即使在劳动力不足的情况下也能实现作物种植，这将带来巨大的利益。

## 农业科技的核心技术是什么

让我们更深入地了解一下农业科技中的技术。

首先，前面的例子中提到的图像分析，即图像传感器技术，其重要性正在日益提升。由于它需要从图像中分析状态，所以精度越高越好。在日本，各大企业都在展开开发竞争，而其中最为重视这一领域的是索尼公司。

索尼的强项在于其 CMOS（互补金属氧化物半导体）传感器的卓越性能。这种传感器也用于该企业的无反光镜单镜头相机，在感应和处理光方面能力非常强。2021 年 3 月向公众展示的索尼电动汽车“视觉 S（VISION-S）”也装载了用于检测和识别人或物体的 CMOS 图像传感器。为了确保自动驾驶的安全，图像传感器技术是必不可少的技术。

然而，在未来，可能比传感器本身更加重要的是对收集到的图像进行分析的软件的能力。无论图像的精度如何提升，都需要软件来做出最佳判断。

以农作物的收获为例，判断哪张图像中的何种状态代表着最佳摘果时机，就需要考验软件本身的能力。色彩的深浅、形状及状态的综合检测和判断，这些都是软件的任务，并且这个领域竞争非常激烈。

在这一领域，令人遗憾的是，后来者的竞争优势较低。例如，只要实现了亚马逊的云计算服务（AWS）或谷歌针对深度学习的框架“TensorFlow”，软件研发基本上就结束了。有些 AI 初创企业或 AI 咨询企业，可能仅在后台使用这样的系统。如果要进行竞争，可能需要从不同的角度出发，例如开发能够通过“气味”进行探测的传感器。

这与厨艺高超的大师有些相似。优秀的厨师会用自己感受到的气味或触感作为判断的依据来进行烹饪。如果能把这种触感或技能转化成数据资料并积累起来，那么厨艺世界可能也将迎来创新。

现状是，被称为大师的人所在的领域，往往与科技相距甚远。如果未来能出现站在两者中间，并能以吸引人的故事说服大师的人，那么行业结构可能会发生重大变化。

目前，全球食品科技和农业科技企业的上市热潮持续不断。这反映了人们对解决食品短缺问题的创新方案寄予厚望，同时也表明对 ESG 投资的需求正在日益增长。

由于引入尖端技术需要资金，所以在许多情况下，高端产品往往以富裕人群为目标市场作为起点。这类似于过去手机的普及过程，通常是先从高端市场开始，然后逐步向大众市场扩散。电动汽车目前正处于这一过程中。植物工厂和机器人技术也预计将先在中产阶级中普及，然后逐渐转变为解决饥饿问题的工具。

### 未来 50 年水需求将急剧增加

听到“围绕水资源的问题不安情绪高涨”这句话，生活在被海洋包围的日本的人们可能感受不太深。但是，许多国家和地区正受到缺水的困扰，全球每 10 人中就有 3 人无法获得清洁安全的水资源。上下水道的建设与食物供应和卫生状况密切相关，并且随着人口增长，农业和工业用水需求也迅速增加。因此确保水资源是最重要的任务之一。

在这个领域引人注目的是日本的初创企业“沃达（WOTA）”。

该企业创建了一套在水处理过程中使用人工智能（AI）传感器检查水质的系统，并开发了企业便携式水再生处理设施和便携式洗手站等产品。无论何时都可以通过循环利用有限的水资源，开展可持续的水基础设施项目。

2021年5月，WOTA宣布与软银（SoftBank）进行资本和业务合作。预计未来将进一步加速分散式水供应系统的普及。

纵观整体的水资源问题相关技术，尚未出现引发剧变的突破性技术。人类大部分的水资源依赖于雨水，但考虑到气候变化引起的异常气候所导致的水资源短缺问题，仅靠雨水显然是不够的。各家企业也在投入技术，以期解决对河流、积水以外的海水或工业废水进行净化的课题。

虽然目前已经有能够将海水转化为淡水的方法，但由于成本高昂且能源效率低下，可持续性较低。期待未来能出现进一步优化水资源有效使用的系统。

## 教育科技

一方面接受高质量的教育是摆脱贫困最有效的手段之一，另一方面“学习”并不仅限于儿童。对于生活在瞬息万变时代的成年人来说，不断更新知识和技能也是必不可少的。

在新冠病毒疫情期间，人们对在线教育服务的需求急剧扩大。利用信息技术开发的新服务和产品，将为未来的教育领域带来何种创新？为了解决收入差距导致的教育机会不平等问题，科技能做出何种贡献？本章将解说如何消除教育和信息差距，以及如何将教育转变为弱者的武器，即“教育科技”的发展趋势。

### 新冠病毒疫情推动了教育科技的可能性

将教育和技术结合在一起的“教育科技”近年

来愈发受到关注。

在新冠病毒疫情全球流行的情况下，人们可以在家中免费使用在线学习支持服务，如“可汗学院（Khan Academy）”、“课程家（Coursera）”和“学习超人（Studysapuri）”等，这些服务在日本的用户群体也在不断扩大。可以确定的是只要能接入互联网并且理解英语，学习的选择就会大大增加。

在众多数字教材中，日本的代表性产品之一是“atama +”。用户通过平板电脑回答问题，系统会根据答题所需时间和正确与否通过 AI 分析理解程度，并提供专为个人优化的个性化教材，这是其显著特色。

未来教育界的巨大变革方向，正是这种双向匹配。以往的学校教育中，“遇到好老师”几乎全凭运气和缘分。未来可能会有“因为与您相似的人表示从这位老师那里学到的更容易理解，所以我们推荐这门课程”这样的服务，它能够在发挥学习者和教师双方个性的同时进行匹配。此外，不仅是创建和实施考试需要时间，评分也很耗时。但随着人工智能文字识别等技术的发展，这部分工作的自动化范围也在不断扩大，这也成了推动发展的一个有利因素。

像网飞（Netflix）的推荐功能那样，根据用户喜好推荐内容的机器学习算法，也将在教育界常见。如果 AI 的读取功能进一步发展，“在这个视频的这个场景笑了”或者“对这个解释点头”等接受方的反应也能作为反馈。

### 为何日本成年人无法自主学习

虽然这个话题稍微偏离了科技主题，但将教育机会和学习方式的变革视为与成年人无关的事件确实不够准确。相反，我认为，刚踏入社会、只能依靠自学的成年人更应该采用运用了先进技术的学习方式。

当今时代的商业人士需要具备的，是愿意接触未知事物、寻找最适合自己的方法和主动探索的态度。然而，在日本，尤其是大企业的员工，常常表现出一种被动态度，认为“学习机会是由企业提供的”。日本企业在全球 AI 竞争中的落后，部分原因是很多高层管理者没有形成一个清晰的认识，即商业模式正在通过数据科学和最先进技术进行转型。

更进一步来说，当前日本人缺乏的是质疑既有概念、发现问题并提出假设的能力。即使想到新点子，也有许多人因为担心“这样做会被认为古怪吧”“这样真的能有成效吗”“性价比太低了（指不是以 10 年而是以 2 年为单位来考虑成果、短视地思考成效）”而放弃。这也是由于日本教育过度强调“得出正确答案”、“追求满分”和以大学入学考试为等级制度构建的教育方式所致。

相比之下，美国则擅长试错。每当日本在寻找确定的“正确答案”时，美国已经通过不断的试错迅速进入平台领域。这在各个领域都是常见现象。

据说，与国际同龄人相比，日本的高中三年级学生很勤奋，但大多数人一结束大学入学考试就失去了学习动力。这可能是因为看不到明确的激励。如果能将高三时的学习劲头持续下去，而不是仅限于一段时间，那么日本社会肯定会朝着更好的方向转变。

## 电子化之后的“书”会变成什么

作为学习知识和满足好奇心的入口，传统的“书”的形态也在发生巨大变化。在日本，电子书已经变得普遍，但海外的发展则更为先进。

这里的关键也在于“双向性”。例如，Kindle（基本电子阅读器）具有一个称为“热门亮点（popular highlights）”的功能。这个功能允许你高亮你喜欢的文本，并显示有多少其他人也高亮了相同的部分，比如“100 人标注高亮”。以此功能为出发点，AI 可以分析个人喜好并进行推荐，这在未来也将成为可能。

在美国，91% 的小学都在使用针对儿童的电子书库“史诗（Epic）”。这个平台不仅提供电子书，还提供内容丰富的有声书。与 Kindle 的“热门高亮”功能类似，在这里，AI 可以分析听有声读物的孩子们的声音和表情，然后进行推荐。比如“这位小读者似乎喜欢独角兽出现的场景，那么推荐这个主题的绘本给他。”

选择书时最重要的是，在众多古今中外的书籍中找到适合自己的那本。书店里陈列的可能是新书、畅销书，或者是基于书店员工的个人喜好或独自判断所选择的书。但显然，并不是每个人都会喜欢书店员工的选择，甚至可以说与书店员工的偏好相符的读者反而很少。因此也难免会出现不匹配的情况。正是推荐功能减少了这种不匹配，有效提高了找到合适书的概率。

未来，当读者对某个话题感兴趣时，系统能推荐“关于这个主题，这本书有更详细的信息”。还可能出现一种新型的书，允许读者根据自己的想法推进故事情节。推荐功能不仅会基于读者的反应，还可能根据读者的属性、年龄和生活阶段等信息进行扩展。

例如，如果读者来自大阪，书可能会将文字全部转换成大阪方言，或者为了让孩子更容易理解，将单词和表达简化。最终，我们甚至可能看到允许读者直接与作者交流感想的功能。

目前已经有利用增强现实（AR）技术让书中角色以 3D 形式出现的“可动绘本”。未来，在教育书籍领域，AR 技术的应用或许也将变得更加活跃。事实上，微软的 AR 眼镜 HoloLens（一种可无线佩戴在头部的全息计算设备）已经公开了面向医学教育的模型，能够展示可以调整透明度、从皮肤到器官都能查看的人体 3D 模型。

过去只能阅读纸质书籍，现在只要有智能手机就能随时阅读，甚至可以通过耳朵聆听。书不再仅是传统的文本和图片形式，还加入了视频、AR 技术和音频，并具备双向交互性。书籍这一概念正在发生着巨大的变化，这将推动学习形式的多样化并创造更多教育机会。

### 技术将成为弱者的武器

随着“学习”机会的软件化，确实有担忧教育差距加剧和社会分化程度加深的声音出现。虽然无法断言这些问题绝对不会发生，但在如今这个智能手机普及的时代，我认为总体上看，学习机会软件化利大于弊。

学习入口的软件化可以消除地区差异。即使生活在偏远地区，只要有智能手机，就能像城市地区一样使用相同的教材进行学习。这对于为发展相对落后的地区创造教育机会尤其有意义。与需要安排、运输和分发实体教材和参考书的传统方式相比，数字化学习的成本显然会降低许多。

技术对于处于弱势地位的人来说，也可以成为强大的武器。技术具有让容易被忽视的问题变得可见、将少数群体联系在一起、扩大沟通范围的能力。

然而，正如我们从特朗普在社交媒体的发言上看到的那样，技术也是一把“双刃剑”，可能会加剧歧视性言论。

例如，如果小型无人机装载了自动识别并攻击携带炸弹的人的功能，它就会成为可怕的杀伤性武器。但另一方面，面部识别技术被用于公共交通中，使老年人等特定群体可以顺畅地乘坐和支付，这被称为“面部通行证”。如何使用相似的技术取决于使用者。

技术本身并不是邪恶的。作为使用者，我们应当深入了解技术的潜在风险，并认真思考如何应用技术以消除差距和歧视。

## 真相的相对价值已降低

我在哈佛大学学到的校训是“追求真理（Veritas）”。尽管这一点在课堂上被反复强调，但如果不亲自体验，事件的真相往往会以某种形式被误解或曲解。因此，为了揭示真相，我们需要非常细致地审视和分析信息。

遗憾的是，在这个以页面访问量为衡量标准的免费网络新闻泛滥的时代，真相的相对价值正在下降。在纸质媒体是媒体主流的时代，印刷和运输成本在某种意义上起到了积极的限制作用，因此，从业者不仅充分关注信息的质量，同时也遵守新闻业的规范。

但是，在网络媒体中不存在这种限制情况。因此，网络新闻的目的就是增加付费会员和广告收入。如今，隐形营销盛行，通过看似普通的内容或评论来推广特定人物、组织或产品，低质量新闻和故意包含谎言的假新闻急剧增加。在这样的时代，人们不应该只是被动地浏览流传的新闻，而应该有“自己主动寻找正确的信息”的态度。

## 性别不平等的根源是教育资源分配不均

世界经济论坛（WEF）预测，全球要消除性别差距可能需要大约 135 年。而且，当前的情况不仅没有得到改善，还因为受到新冠病毒疫情，以及女性在当今重点产业中参与度不足的影响，而进一步恶化。

虽然近年来，随着中目（Zoom）等远程办工工具的普及，原本可能只能选择家庭生活的女性现在也拥有了更多样化的工作方式。我有一个朋友，在东京工作，他通过 Zoom 与住在加利福尼亚的妻子和孩子保持联系，他们相互尊重对方的职业生涯。

但是另一方面，会议全是男性、参加多样性活动时所有嘉宾讲者都是男性的情况，在日本和国际上都还是屡见不鲜。虽然有些情况看似在提拔女性，例如任命女性播音员为公司的外部董事，但我认为这种做法是本末倒置的。因为这可能仅使其成为“形式上的外部董事”，反而可能激起周围人的反对。

我认为，重要的不是用这种方法来美化表面，而是应该实现大学入学时的男女比例平等。尽管日本的大学生男女比例总体上接近于 50% 对 50%，但在东京大学存在所谓的“2 成墙[①]”，这表明在更难进入的学校，性别比例的差异更为显著。作为对策，国外有些大学通过肯定性行动[②]追求性别平等。

在消除性别差异的过程中，虽然增加女性高管数量可以作为一种意志的表达，看似是积极的一步，但更重要的是使女性接受热门领域教育的机会增加。

---

① 即女性新生的百分比永远不会超过总招生人数的 20%。——译者注

② 指防止对少数群体或弱势群体歧视的一种手段，通过给予优待来消除歧视，从而达到平等。——译者注

## 健康科技

日本在2025年将有约800万"团块世代[1]"人口进入后期高龄（75岁以上）阶段。届时，日本国民中每4人就有1人将是后期高龄者，这将使日本成为世界上最早进入"超高龄社会"的国家。

面对即将到来的老龄化问题，医疗和护理领域正在积极探索利用科技进行疾病预防和健康管理的新途径。医疗器械和设备连网所积累的数据将为医疗和护理领域带来哪些变革？

让我们一起深入了解将"健康"与"技术"结合，推动下一代医疗保健事业的"健康科技"的潜在价值。

### 健康科技的发展使人们每天都能获得体检级的数据

健康领域的问题是随着技术进步而解决方案大

① 是指日本在第二次世界大战后出生的第一代。——译者注

幅增加的。

在过去，维持健康的必要活动主要限于一些基本措施，比如定期进行体检、保持适度的运动以及均衡饮食等。然而，随着智能手表等可穿戴设备的普及，现在人们可以在日常生活中轻松获得步数、心率、运动量和睡眠质量等数据。未来，一些过去只能通过年度体检来获取的各种健康指标和数据，有望通过更加日常化的手段获取。

这种趋势已经提前影响到了汽车保险行业。应用于汽车故障修理的汽车诊断第二代系统（OBD2）只要连接网络，就能实时获取车辆的行驶距离和驾驶行为等数据。保险公司可以综合这些信息来分析风险，并据此为每位驾驶者计算保险费率。如果你经常驾驶车辆，可能已经注意到，利用这一系统的汽车保险产品正在增加。可以想象到，同样的变革也正在向人类的健康领域扩展。

苹果公司的可穿戴设备“苹果手表（Apple Watch）”，正逐年强化其测量健康状况的医疗保健功能。在最新版本中，它配备了能够测量血液中氧气浓度的传感器。血氧浓度是判断呼吸系统和心脏是否正常工作的一个重要指标。利用这些功能进行持续的健康监测，将能够提供如“当前血压升高，请慢慢站起来”等根据身体状况变化的建议。

提高睡眠质量的技术也在提升。在国外，已经推出了能够读取用户脑波的头戴设备，它可以基于脑波数据推荐最适合的入睡时间，或者播放有助于改善睡眠的音乐。

配备了分析粪便和尿液的系统的“智能厕所”也预计即将投入生产使用。这种厕所装有小型摄像头和运动传感器，能够通过分析排泄物的颜色、形状和硬度等特征来评估使用者的健康状况及潜在疾病风险。

同样是以排泄为切入点，一种名为便通（DFree）的排泄预测设备已经被开发出来。这个设备通过超声波技术实时监测膀胱的膨胀程度，已经开始在护理领域得到应用。

## 医生将被设备替代

如果医疗人员能够将这些健康数据积累在云端并进行分析，诊断的准确性将进一步提高。在医疗机构进行诊断时，医生不仅听取患者所述的内容，还会综合观察患者的面色和声音。在未来，这些医生的角色可能会被设备取代。通过分析图像和声音中的生物数据等，可以更准确地预测一个人的健康状况。如果推出能够追踪眼球运动的眼镜型设备，也应该能够捕捉到大脑功能的活动和阿尔茨海默病的征兆。

苹果公司不仅在 Apple Watch 上增加了对医疗保健的投入，也在苹果手机（iPhone）上大幅加强了对医疗保健的开发力度。2021 年 6 月的更新中，iPhone 引入了利用步行数据预测跌倒风险以及能够与医生分享特定类型健康信息等功能。

这项技术未来的目标可能是进军保险领域。保险公司很难准确了解新加入者的健康状况。但是，如果拥有关于个人日常的运动、饮食、睡眠等持续的健康数据，将来的健康状况就更容易预测。如果能够为平时佩戴 Apple Watch 并关注健康的投保人提供较低的保险费，不仅会激发投保人追求健康的动力，对于保险公司来说支付保险金的概率也会降低。

### 亚马逊能从声音中推测心理健康

不仅是苹果公司在加强医疗保健领域，谷歌在 2021 年 1 月宣布完成对美国可穿戴设备公司“数字健康（Fitbit）”的收购，亚马逊也在 2020 年发布了健身手环“亚马逊环（Amazon Halo）”。

Amazon Halo 的功能不仅在于追踪心率、运动和睡眠时间等基本健康信息，它还通过应用程序从照片中估算体脂率，并具备一个名为“Tone（音调）”的功能，通过分析用户的声音语调来评估其心理健康状态。

例如，它能够通过分析用户与朋友对话时的声音特征，来判断用户是否精神饱满。这一功能通过机器学习的声音处理技术，分析声音的音调、节奏和韵律等，随着长期使用，数据将持续积累，精度也会随之提高。

如果这个音调功能得到加强，它甚至可能能够识别说话时的迟疑、语言不流畅等现象，从而感知到中风等健康风险。此外，正如后面将提到的，亚马逊在美国已经启动了名为“亚马逊关怀（Amazon Care）”的医疗保健服务，已开始涉足远程诊断处方药物配送等领域。

### 成功的关键在于灵活使用大数据

在医疗领域中，增强人类能力的技术也在不断出现。

例如，相较于多位医生通过目视进行判断，使用人工智能对 X 光影像进行分析，可以明显更高效地识别出癌症影像。随着患者数据的不断积累，准确率会逐渐提高，还可能帮助总结一些新结论，例如哪些人群中的癌症影像更难以被检出。

未来，医疗现场将更多地依赖图像分析，而不仅限于医生的主观判断。这一过程中将综合图像分析挑选出的病例候选、其他医院的诊断信息等。这意味着可以减少误诊的发生，并减少对医生个人能力的依赖。对患者而言，这无疑是一个巨大的利好。

微软已经开始关注医疗器械领域。

在 2019 年的一次企业活动中，医生使用全息透镜（HoloLens）进行了自动诊断演示。此外，2021 年，微软以约 2 兆日元的资金收购了位于波士顿近郊、擅长语音识别技术的微妙通信（Nuance Communications）公司。这表明微软考虑到了医疗现场病历创建等领域的自动化及其数据利用。

在医疗现场，由于缺乏处理和利用数据的基础设施的专业人才，借助外部服务的需求相对较高。如果能成为各医院的数据基础设施（data infrastructure）提供者，就有可能通过网络效应增强竞争优势。无论是面向消费者还是面向企业的健康、保险和医疗行业的商业模型，能否有效利用庞大的用户群和数据集成为能否实现成功的关键。

进一步深入探讨健康领域，最终将触及基因及其调控表达的蛋白质的问题。遗传工程迅速发展的背后，一方面得益于基因测序的成本大幅下降，另一方面则归功于一项名为 CRISPR-Cas9 的基因组编辑技术的出现。这是一项在 2020 年获得诺贝尔化学奖的革命性技术，它能够精确剪切基因组的特定部分。当然，关于是否应该操作受精卵等关乎生命伦理的问题，在未来必须进行深入的讨论。但同时，对于通过这种技术治疗遗传性疾病等积极面的期待也非常大。

此外，2021年7月，谷歌旗下的深思（DeepMind）公司公布了蛋白质的三维结构。这一领域的更新速度惊人，预计将在疾病原因的研究和药物开发方法上带来进一步的创新。

## 清洁科技

为了实现可持续发展，我们必须要面对环境问题的挑战。由于气候变化，全球变暖正在加速。同时，无论是在陆地上还是在海洋中，垃圾问题也日益严重。为了缓解及解决这些问题，诞生了将“清洁”与“技术”结合的“清洁技术”概念。

接下来，将介绍面向实现脱碳社会的目标的清洁技术及尝试，如新的可再生能源商业模型、日本及其周边地区氢能源的现状及面临的挑战，以及减少塑料使用等。

### 特斯拉为何开始卖屋顶

在清洁可再生能源领域，特斯拉的太阳能业务可以成为一个很好的研究案例。第三章将详细介绍特斯拉作为电动汽车制造商的创新性，但在这里，我们将关注其作为能源企业的战略。

在加利福尼亚，特斯拉开发的面向家庭的太阳能系统正变得非常流行。这个系统名为太阳能屋顶（Solar Roof），它通过在屋顶安装太阳能板，让屋顶本身具备太阳能发电功能，并将产生的电力储存在家用电池中。

这一系统的特点在于，用户可以通过 iPhone 的应用程序以可视化的方式管理能源流动。这使得太阳能这种清洁电力的存储和使用变得更加灵活，不仅可以在夜间使用，还能在灾害等紧急情况下提供电力支持。此外，系统中的预测软件能够自动调整电力使用策略，在电费较高的白天时段使用储存的电力，在电费较低的夜间使用普通的电力，从而帮助用户节省电费。

此外，在购买前，用户仅需输入自己家庭的邮政编码，系统就能利用卫星图像数据预测家庭的日照量和每月的电力数值，进而提供一个“可以节省这么多费用”的服务，这也触动了用户的内心。

特斯拉的家用储电系统“能量墙（Powerwall）”自2020年春季开始在日本销售。但与土地广阔、独立住宅较多的美国不同，在日本的城市地区，由于公寓较多，该系统似乎还没有广泛普及。也许未来该系统会以郊外或独立房屋较多的北海道等地区为中心普及开来。

在推广电动汽车的过程中，增设充电站是非常关键的一步。与日本推进的氢燃料电池汽车所需的“氢气站”相比，充电站的一个显著优势是成本相对较低。

例如，建立一个氢气站可能需要数亿日元的投资。而在永旺商场（AEON）的停车场这类大型停车场建设充电站，每个站点的成本可能仅需几千万日元，一次性安装100个充电点也并非难事。

充电站不仅成本很低，占地面积也较小。这也是电池汽车优势之一，并可视为特斯拉可持续发展商业战略的一部分。

## 为何氢能源没有普及

关于什么会成为下一代清洁能源，有各种各样的讨论，而日本政府推动的前沿清洁技术是氢能源。让我们来看看迈向氢社会的挑战和可能性。

日本政府在2017年制定了“氢基本战略”。考虑到氢能源在发电或燃烧时不产生二氧化碳，日本政府将其视为实现脱碳社会的王牌，并开始朝着实现氢社会的目标迈进。

2021年4月，丰田宣布正在开发“氢燃料引擎”技术。次月，丰田的社长丰田章男作为驾驶员参加了一场24小时耐久赛，其间公开展示了一种新型引擎。这种引擎通过燃烧氢气和空气中的氧气来驱动电机，但具体投入市场的时间尚未确定。

氢作为一种不需要燃烧化石燃料的、清洁的、在地球上丰富存在的能源，为什么却尚未在各国普及呢?

正如前文所述，这主要是因为建设氢站需要大量资金。

建造一个加油站大约需要 5000 万日元的建设成本，而氢站的成本则是其 2 倍以上，需要数亿日元。由于氢是一种气体，必须在严格的安全管理下储存和输送，以防止爆炸等安全事故。因此，目前全国的氢站仅有约 100 个。虽然有计划到 2025 年，以大都市圈为中心，将其增加到 320 个，但这一数量仍可能不足。

### 为了不走老式手机的老路

丰田的氢燃料汽车“米拉伊（MIRAI）”在销售上表现不佳，主要原因是大多数消费者考虑到“附近没有氢站”这一实际问题。虽然全国到处都有加油站，但全国的氢站仅有 100 多个。因此，在长途旅行时，充氢基础设施的问题成为一个挑战，可能不适合随心所欲的远程驾驶。

尽管如此，作为一种新能源，氢无疑具有巨大的潜力。它不像电池汽车那样需要很长的充电时间，且在使用过程中不产生二氧化碳，对环境友好，可以在任何地方使用。然而，当考虑到建设氢站等的成本时，其在成本和便利性方面的劣势变得明显，从而在市场竞争中失去了优势。这正是氢能源目前面临的困境。

有固定行驶路线的公交车、飞机、运输卡车等，因为可以定期使用相同的氢站，所以选择氢能源更适合。如果可以将数亿日元的氢站建设成本视为前期投资，也许能够开拓新的发展。或者，如果出现设计非常精美的氢能汽车，也可能一下子抓住普通用户的心。

然而，在此期间，如果低价位的电池汽车在日本社会迅速普及，并形成“电池汽车比氢能车好得多”的趋势，那么氢能车将面临艰难的处境。氢能车可能最终仅限于企业使用，遭遇与被智能手机取代的老式手机一样的命运。

### 如何实现减塑

接下来，让我们关注被称为 ESG 战略核心的环境问题。

人类目前正生活在一个前所未有的，产生大量垃圾的时代。其中特别严重的是塑料垃圾问题。超市购物袋、塑料瓶、包装容器等，这些由石油制成的塑料产品，最终约有 79% 被填埋或丢弃到海洋中，引发威胁野生动物生存的海洋塑料问题。

如果塑料产品继续以当前速度生产，到 2050 年，全球温室气体排放量的 5% 到 10% 将来自塑料。

基于这种背景，重视 ESG 的投资者正在加强对企业减塑行动的监督。

解决塑料垃圾问题的方法，首先最简单的就是减少使用量。欧盟通过立法已经禁止了许多一次性塑料产品的使用，并宣布在未来 10 年内回收和再利用 90% 的塑料瓶。中国也在全国范围内推进防止不可降解塑料污染的措施，大幅扩大可回收的替代产品的使用规模。

各家企业正在探索替代塑料的环保材料，但遗憾的是，由于塑料是一种轻便、多功能且能够大规模生产的材料，目前尚未开发出可以替代塑料的革命性新材料和技术。

例如，日本企业TBM已经获得了以石灰石为主要原料的可回收纸张及塑料替代品“利米斯（LIMEX）”的专利，但该产品还没有广泛进入普通市场。

唯一可以确定的是，只生产塑料产品的企业将逐渐消失。所有行业都已经到了必须转向不使用化石燃料、高机能、高附加值的材料的阶段。无论是寻找新材料，还是改进提炼方法以减少对石油的依赖，各企业都只能发挥自身优势，通过试错来探索解决方案。

化石燃料，如石油、煤炭和天然气等，是地质年代动植物的遗骸在地下经历数亿年慢慢变化形成的。换句话说，它们是有限的过去的遗产，不是无限制开采就能源源不断获取的资源。

即使不能立即找到合适的替代材料，还有一种现实的解决方案，就是将垃圾转化为资源，再制成新产品的方法，即彻底进行回收利用。

下一节我们将关注为回收再利用所进行的努力。

## 回收科技

如果资源有限，那么努力实现循环型社会，回收和再利用是现实的做法。大量生产、大量消费、大量废弃的终点是资源枯竭和充斥垃圾的社会。ESG投资者已经在要求企业公开资源有效利用和回收等信息。让我们看看苹果公司，这个做出使用回收材料生产产品这一重大决定的企业，以及通过技术力量诞生的回收再利用的新模式。

### 苹果公司开始使用100%回收材料

苹果公司在2021年2月的年度股东大会上宣布，“未来将在所有产品和包装中使用100%可再生的回收材料”。

制造笔记本电脑或平板设备需要使用大约35种矿物，包括铝土矿和钨等。苹果公司的100%回收声明旨在减少这些自然资源开采和精炼过程中产生的温室气体排放。

苹果还宣布，“到2030年，实现供应链和所有产品100%碳中和”。作为世界上销售规模最大的品牌之一，苹果致力于追求考虑地球环境的可循环经济，这将大大改变产品销售行业的格局。

这个问题不应该仅被看作是“只有像苹果这样的大企业才能做到”的事情。本质上，这是所有制造商和企业都应当优先考虑的任务。在第三章中，我们还会更详细地探讨走在ESG管理前沿的苹果公司的举措。

### 转向以“回收、再利用”为前提的制造

自从快时尚流行以来，服装行业面临的问题也变得严峻。一方面，在劳动力成本低廉的国家大规模生产的衣物，使人们可以轻松购买。但另一方

面，这同时导致许多人仅穿一季后便将衣物丢弃。虽然从资本主义经济的经济合理性角度来看，服装品牌销毁滞销库存似乎是合理的，但是从 ESG 的视角看，这种做法应当遭到严厉的批评。

为了打破这种恶性循环，像优衣库和无印良品这样的品牌正在全国店铺回收人们不再需要的自家衣物，并通过回收再利用来促进循环型社会的形成。合成纤维，如聚酯或抓绒，实际上也是纤维状的塑料，因此这也与塑料问题相关。

未来，不仅是服装，电器、家具、生活用品等所有产品的开发都将以回收为前提，这将成为一种常识。

### 网络二手交易平台（Mercari）成为资源循环的场所

站在消费者的角度，像 Mercari[①] 这样的闲置物品交易应用程序的出现，也可以被视为一种形式变

① 日本知名网络二手交易平台。——译者注

化了的从消费者到消费者（C to C）回收。该企业的企业理念是“将有限的资源循环使用，以创造更加丰富的社会”。过去可能只能被丢弃的闲置品，现在可以通过科技的力量被其他人重新利用，这也是对循环型社会的一种贡献。

预计这样的二手市场将继续扩大，这也象征着“拥有物品”这一传统常识正在发生变化。随着家具、家电、衣物等可以通过订阅服务或共享经济进行租赁，越来越多的人开始认为，物品不需要“拥有”，只要有“一定期间的使用权”就足够了。

虽然这可以被视为价值观的差异，但如果考虑到对环境的影响，相比拥有物品，订阅服务可能是对地球更友好的选择。

### 作为技术主体、作为地球公民

在本章开头，我提到“仅凭个人的小改变并不能解决环境问题”。然而，不使用塑料制品、携带个人水瓶等行为也可能成为我们思考地球环境和 ESG 议题的起点。

在英国，每天大约有 2400 万片面包被丢弃。而在一些贫困地区，仍有许多人每天生活在营养不良的状况中。

我们应如何解决这一矛盾？

这不应仅是留给企业和政府的任务，作为地球公民，我们每个人都应持有这一意识，思考这一问题。

随着社交网络的普及，个人现在能够直接向企业传达自己的声音。公民反对企业在社会问题上的立场，并发起全球性的抵制运动，在今天已不再罕见。如今，不仅是 ESG 投资者的严格要求，每位市民的声音、意识和行动都可以转化为对企业的压力。

在接下来的第三章中，我们将介绍能够在 2030 年生存下来的先进企业及其努力。

3

# 第三章

# 2030 年引领企业胜出之道

## 苹果领跑 ESG

本书的主题，ESG，并非一时的热词，而是代表企业本应承担的社会责任。在第三章中，我们将探讨那些在履行这一责任方面做得好的企业，换句话说，就是那些受 ESG 投资者欢迎的先进企业，以及这些企业如何努力创造新价值。

无论是致力于减少温室气体排放、应对循环经济，还是关注生态系统，各个企业重视公益性的领域各不相同。但从总体上看，领跑 ESG 管理的企业之一无疑是苹果公司。

2020 年 7 月，苹果宣布，承诺到 2030 年，实现自家办公室以及全球制造供应链 100% 碳中和。碳中和意味着通过购买碳排放权或植树等方式，吸收或去除与其业务活动相等量的二氧化碳排放，从而实现净零排放。在同年 7 月，苹果公司市值时隔 8 个月重回世界首位，这背后一定程度上得益于其对气候变化的快速响应、清晰的愿景和扎实的措施，吸引了 ESG 投资资金。

2021 年，苹果进一步宣布，全球超过 110 家制造伙伴将使用 100% 可再生能源生产苹果产品。此外，苹果与高盛及国际环保组织保护国际（Conservation International）合作，为合作伙伴设立了一个 2 亿美元的基金，启动了名为“再生基金（Restore Fund）”的森林项目，该项目旨在每年减少 100 万吨二氧化碳排放（相当于 20 万辆汽车燃料的排放）。

2021 年 2 月的苹果年度股东大会上，蒂姆·库克（Tim Cook）发表了“未来将使用回收材料生产所有产品”这一构想。苹果手机（iPhone）、苹果电脑（Mac）等新产品使用的稀有金属是珍贵的自然资源，在采矿和精炼过程中会产生温室气体。苹果决定完全回收使用在其产品中的矿物资源，全面转向利用地球资源，以减少温室气体排放。

从 2021 年开始，苹果公司还宣布将董事会成员的奖金按照最高 10% 的比例进行增减，这取决于他们在社会和环境价值方面的表现，即 ESG 绩效。这并非仅限于苹果公司。自 2018 年以来，全球越来越多的企业在决定高层薪酬时会考虑 ESG 指标。

## 苹果公司的卓越：言行一致与具体性

从 ESG 的视角看，苹果公司的卓越之处在于其“言行一致”和“具体性”。

许多企业标榜“进行地球环境友好式经营”和“脱碳”，但是能够将这些目标落实到具体的时间节点，结合具体措施，并量化二氧化碳减排效果的企业却并不多。

苹果公司之所以能够做到言行一致，也许正是因为，作为 iPhone 等受欢迎尖端设备的生产者，它拥有市场领导者的自豪感。同时，作为行业的领头羊，苹果公司一旦宣布了这样的目标，其供应链伙伴也必须相应跟进。这传达了一个明确的信息：苹果非常清楚自己在社会中的定位，并且能够在保证利润的同时，有效吸引各方利益相关者，以最大化其社会贡献。

也许有人会认为这是细枝末节的部分，但苹

果公司的环境报告确实非常出色。在其官方网站的“环境”页面上公开了苹果手机（iPhone）、苹果平板电脑（iPad）、苹果手表（Apple Watch）等多种设备的环境报告，详细说明了每种产品使用了哪些材料，以及每台设备产生了多少二氧化碳排放。信息透明度和积极披露的态度是许多公司应当学习的重点。

面对全球共同的挑战——气候变化，苹果公司展示了公司应该采取的立场，以及其行动如何在周围产生连锁反应并放大影响。苹果公司似乎已经精确计算并采取了所有可能的措施来应对这一挑战。

## 理念与行动的完美平衡

苹果公司不仅在环境问题上展现出其责任感和行动力，也同样没有忽视在多元化方面的发展。

曾经有“苹果公司 = 白人男性”这样的印象。为了改变这一印象，苹果公司在每次产品发布会上都努力增加女性发言人，以及来自亚洲等多地区的参与者，展示其致力于包容性的姿态。这一切都基于苹果公司的清晰信息：重要的不是产品本身，而是使用产品的人。

苹果公司的独特之处还在于，不同于日本众多企业，它不采用“iPhone 部门”“Mac 部门”等事业部制度。苹果公司不采用按产品或类别分别计算利润的体制，而是设定了企业整体的目标，并制定了关键绩效指标（KPI）。这种做法可能也是苹果公司能够作为一个整体保持强大的原因之一。

据我观察，苹果可能在 2003 年左右整顿了这样的组织结构。这个时间点处于苹果播放器（iPod）在全球爆炸性流行之前，也早于 2007 年 iPhone 的问世。21 世纪 00 年代初，互联网泡沫破裂，许多相关企业倒闭。在开发全新 iPhone 的过程中，苹果面临从半导体到操作系统的全方位创新挑战，这迫使其必须重新设定追求的愿景，并从根本上重新考虑其组织结构。

当然，苹果能够大胆缩减产品线，专注于 iPhone 这一策略，很大程度上归功于乔布斯这位伟大的领导者的坚定立场。乔布斯去世后，蒂姆·库克接任首席执行官，苹果公司的业绩持续增长，2018年成为世界上第一个市值达到1兆美元的民营企业。到2020年，苹果公司又成为第一个市值达到2兆美元的美国企业。

日本的大企业普遍采用分公司制（各个业务单元独立运营的组织形式），而这种制度存在一个弊端，就是容易导致部门之间对立。一个常见的问题是，只有企业社会责任（CSR）部门或可持续发展推进部门参与ESG工作。在投资者和消费者对ESG参与度明显提高的今天，所有董事成员和员工都应该像苹果那样共享愿景。

## 索尼以ESG为轴评估投资对象

苹果的愿景确实很有创新性，而在敏锐把握时代潮流并稳步推进ESG经营方面，日本企业的佼佼者非索尼集团莫属。

索尼集团不仅致力于实现2050年环境负荷归

零的碳中和目标，还在企业治理中引入了多样化的人才。

根据美国《华尔街日报》2020年的可持续经营企业排名，索尼在全球5500家上市公司中获得了第一名。该排名采用“可持续发展会计准则委员会（SASB）”的框架，对总共165项数据进行评分，索尼在“部件的可持续采购”和“数据安全”等对硬件制造商至关重要的项目中获得了高分。

此外，索尼还将ESG作为判断其业务的一个轴心。

2021年6月，索尼宣布其企业风险投资（CVC）“索尼创新基金（Sony Innovation Fund）”将引入一套新机制，评估投资的初创企业在ESG方面的表现。

索尼通过对“自身的能源使用量了解程度”和“如何对多样性做出贡献”等ESG主题的审查项目进行评分，鼓励正在考虑新投资的候选企业采取ESG措施。

尽管初创企业往往倾向于优先考虑短期增长，

但在索尼的 ESG 评价影响下，预计未来日本国内的初创企业会加速向重视 ESG 的经营模式转变。我们已经进入了一个重视企业实际行动而非仅口头承诺的时代。那些能够通过具体的数字和措施展示其为脱碳和多样性所做贡献和实际执行情况的企业，其价值正在显著提升。

## 在新冠病毒疫情中依旧展现真正价值

在新冠病毒疫情期间，索尼除了原有的“索尼创新基金”外，还相继设立了几个特别基金。这些特别基金包括：旨在支持医疗、教育和艺术领域中受新冠病毒疫情影响人群的“新冠病毒索尼全球支援基金”，以及旨在支持致力于人权保护和种族歧视纠正的组织的“全球社会正义基金”。索尼向每个基金都投入了一亿美元。

此外，面对新冠病毒疫情扩大导致的人工呼吸机短缺问题，索尼还参与了支援日本国内人工呼吸机的生产。

也许一般人可能不太了解，其实索尼自20世纪80年代以来，已经利用其在影像和电子技术领域的专长，持续生产医疗设备超过40年，并获得了专门针对医疗设备产业的国际标准质量管理体系认证。在这样的背景下，索尼活用其制造专业团队培养出的经验和技能，与阿柯玛（Acoma）医疗工业合作，在短短2个月内实现了500台人工呼吸机的生产。

即便在新冠病毒疫情这样的危机情况下，索尼也通过发挥自身专业性为社会做出贡献，其企业态度可谓是ESG先进企业的典范。

在ESG贡献方面，索尼还采取了以农业为中心的方法，这关系到环境、食品以及健康问题。2021年6月，索尼宣布成立了一家新公司“新时期（SynecO）”，专注于推进与共生农业[①]等环境技术相关的业务。基于在撒哈拉沙漠以南的布基纳法索超

① 倡导生态系统中所有生物和谐共存，促进可持续和高产的农业实践。——译者注

过 10 年的新农业方法的经验，索尼致力于利用先进科技创造可持续的环境和产业。

## “VISION–S”是硬件 × 软件融合模型

近年来，索尼一直致力于改变其业务结构。

过去，提到索尼，人们首先想到的是其在家电、游戏和音乐领域的显著地位。但自平井一夫上任以来，索尼开始将金融业务作为核心，转向跨越不同业务领域的合作路线。继任的吉田宪一郎先生，也推出了跨越行业界限的服务，并陆续推出了令业界专业人士赞叹的尖端产品。

作为其业务转型策略的一部分，2021 年 3 月，索尼在日本首次公开了电动试验车“幻想 –S（VISION–S）”（见图 3–1），引起了广泛的关注。这款电池汽车是由开发了犬型机器人“艾宝（aibo）”的团队，与奥地利汽车开发承包商麦格纳斯太尔（Magna Steyr）合作开发的，其特色之一，是配备了大型液晶显示屏，可以在车内观看视频内容。索尼在娱乐和图像处理半导体，即软件硬件业务融合方面的优势，通过“VISION-S”这一极具象征性的概念模型得到了体现。

图 3-1 “VISION-S”凝聚了索尼在机动性和传感器技术方面的精华（照片：AP/AFLO）

## 索尼的 22 万日元手机为何“划算”

尽管与 ESG 战略没有直接联系，索尼将其图像处理半导体技术应用于最新智能手机型号“爱之信专业版（Xperia PRO）”中。这一定程度上反映了索尼的企业态度，因此具有独特性。

其他生产智能手机的企业，大多在考虑与iPhone的竞争时，推出市场价格约为10万日元的产品。而2021年2月上市的“Xperia PRO”，市场价格约为22万日元。尽管其价格大约是前者产品的2倍，但它仍然获得了从事视频制作等相关工作的专业人士的高度评价。

“Xperia PRO”的优势在于，它不仅是一款支持高速通信5G的高性能智能手机，同时它还可以连接到无反光镜单眼相机等设备，为其提供通信功能。这意味着，现在只要使用手机大小的设备，就能以接近专业设备的高画质进行现场直播。它不仅适合希望进行视频直播的人，还满足了新闻摄影师、视频制作人等专业人士的需求。从智能手机的角度来看，22万日元确实是一个高价，但如果将其视为专业的工作设备，那么这个价格就显得非常合理了。

索尼能够开发出令业界专业人士都赞叹的匠心技艺产品，这无疑体现了索尼的强大实力。索尼能够推出既面向普通消费者，同时也满足专业创作者需求的卓越产品，在这一点上，它与苹果公司非常相似。而索尼的明智之处在于，充分认识到直接与iPhone这样的强大品牌正面竞争，难以占据优势。因此，索尼选择了稍微不同的视角，瞄准iPhone无法涉足的市场领域。

## 可远程拍摄的虚拟制作技术

“VISION-S”是一个实验性的象征性产品，但索尼的“3D空间捕捉虚拟制作技术”却已经十分亮眼，也获得了业内外的高度评价，预计将提升未来影像内容的价值。

这项技术能够将真实的人物或空间完整转化为三维数字数据，并以高质量重现出来。

例如，在电影拍摄中通常需要布置复杂的背景，这在好莱坞电影制作中往往意味着巨额成本。索尼开发了一项名为体积捕捉的技术，该技术能够高质量地重现虚拟空间。这实际上是一种“合成”

技术，即使演员身处遥远之地，也能像在虚拟布景中表演一样，连光线反射都能精确再现。

新冠病毒疫情期间，为了避免人员流动和聚集，许多拍摄项目被迫推迟。然而，如果索尼的 3D 空间捕捉虚拟制作技术在影视制作现场得到广泛应用，即使面临跨国拍摄需求，也能在不将演员和工作人员暴露于感染风险的情况下，实现现实与虚拟的完美融合。

实际上，最近一些热门影视作品已经开始采用这种技术。例如，韩国制作公司“龙工作室（Studio Dragon）”制作的热门剧集《文森佐》，就在未实际前往意大利的情况下，通过计算机图形（CG）技术制作了意大利的场景。此外，获得奥斯卡四项大奖的电影《寄生虫》也大量采用了 CG 技术。

虽然有人可能会认为，采用这种技术的电影制作不够正统，但肯定也同样有许多创作者被这项技术所激发的好奇心所吸引。作为一种能够将创作者从传统电影制作的种种限制中解放出来的新工具，这项技术不仅将在影像内容制作领域得到应用，还将在更广泛的领域中展现其潜力。

许多供应链伙伴仍然对索尼品牌的价值持有非常强烈的自豪感，并视与索尼的合作为荣。普通用户普遍对索尼寄予高期望："要论推出技术独特的产品，非索尼莫属。"考虑到这种企业价值，索尼在积极推动增长与ESG共存的理念方面处于领先地位，预计将对日本企业产生深远的影响。

## 优衣库在新冠病毒疫情期间的行动

像新冠病毒疫情这样的重大事件，可以成为判断企业的一块试金石。当遇到冲击时，企业会如何应对？是袖手旁观，还是能够迅速而准确地采取必要行动？投资者将此作为一种"气压表"，仔细观察企业的行动。

在这方面，以优衣库为旗舰品牌的迅销集团，在新冠病毒疫情期间，展现了对ESG的深刻理解，并在此基础上证明了其作为一个跨国企业的执行力。

在2020年春季，迅销集团向日本国内医疗机构提供了 20 万件防护服、具有功能性的内衣“艾瑞斯（Airism）”以及 1000 万个医用口罩，并将这些援助扩展到全球 19 个国家和地区。这种通过衣物提供的全球性快速支援，令人记忆犹新。

此外，迅速响应客户需求，推出了集成 Airism 功能性的口罩，其在口罩短缺的背景下迅速成为热销商品。自 2020 年 6 月开始发售以来，仅 2 个月后，迅销集团就推出了改良型号，使用了更透气、不易导致呼吸困难的网眼材料。

在面对冲击时，企业的行动和决策能力很大程度上取决于日常的准备和价值观的内化。如果平时不进行深入思考和准备，那么在关键时刻就难以迅速采取行动，最终只会耗费时间而一无所得。这也是衡量企业是否能成功将 ESG 和 SDGs“个人化”的一个重要证据。

另一方面，服装产业被揶揄为与可持续性背道而驰的“环境污染产业”。基于快时尚产业大规模生产和大规模废弃的习惯，迅销集团在新冠病毒疫情期间启动了“再生优衣库（RE.UNIQLO）”项目，通过回收和再利用不再需要的衣物，将其转化为新的服装。预计这个项目将会进一步扩展开来。

此外，优衣库门店引入了由创业企业开发的高精度身体测量技术“量体（Bodygram）”，旨在减少因尺寸不匹配导致的浪费。

最近，考虑到地球环境保护和反对非法劳动的“伦理服装”，受到消费者的欢迎。迅销集团的会长兼社长柳井正，表达了“可持续性是对正确性的追求”，并重新明确了考虑环境、社会、经济可持续性的自身宗旨。

迅销集团还宣布了其发展目标，即到2050年实现温室气体排放量实质上为零，并计划将全球各地所有店面使用的电力转换为可再生能源。正因为迅销集团位于竞争激烈的服装产业，面对与竞争对手的价格战，它通过积极实施ESG措施来明确自己的企业定位，并以此作为区别于其他品牌的独特标志。

## “企业理念 =ESG”是特斯拉的优势

埃隆·马斯克领导的特斯拉，在以超预期的态度回应粉丝方面，无疑是全球顶尖的例子。

2020 年 7 月，这家电动汽车制造企业的市值，超过了世界最大的汽车制造商丰田汽车，突然跃升为行业首位。

罕见的股价快速上涨背后，是 ESG 投资的大趋势和人们对特斯拉的高期待值。特斯拉不仅是一家电池汽车制造商，它的使命是“加速世界向可持续能源的转变”。这正体现了特斯拉的企业理念本身就是 ESG。

如果能减少汽油车的使用并普及电池汽车，将显著减少天然资源消耗，并大幅降低二氧化碳排放。德国和英国已经宣布计划到 2030 年停止销售汽油车，法国也将这一计划定在了 2040 年。在各国提出到 2050 年实现脱碳的目标中，电池汽车转型的趋势将越来越明显。

正如马斯克先生所言，“所有的交通工具最终都将转向电动”，而电池汽车仅是实现这一使命的手段之一。目前，特斯拉正专注于推广家用蓄电池“Powerwall”与太阳能板的组合销售策略。

蓄电池在这一策略中扮演着关键角色，它能够缓解太阳能和风能这类可再生能源的不稳定性。此外，特斯拉还提供了太阳能板的租赁选项，通过实施免费安装或提供按月支付方案，使得消费者更容易购买。特斯拉还巧妙地设计了在电费较昂贵的白天使用太阳能发电，在电费较便宜的夜间使用常规电力进行充电的系统，充分考虑到了消费者的经济利益。

以购买电池汽车为契机，进而对特斯拉的太阳能系统产生兴趣的人应该不在少数。许多地方政府提供电池汽车购买和太阳能板安装的补贴或优惠政策，这些激励措施成为推动消费的重要动力。

## 拥有与乔布斯相媲美的领导魅力

特斯拉的飞跃背后确实有众多因素，但企业最大的优势之一可能是拥有马斯克这样一位罕见的愿景家作为领导。

马斯克的业务不仅限于电池汽车和太阳能系统。他还探索了包括在地下挖掘巨大隧道以解决洛杉矶和拉斯维加斯的交通拥堵问题；研究将神经芯片植入大脑的 BMI（脑机接口）技术的可能性；以及在 2030 年前在火星建立基地等宇宙事业，这些都远远超出了常人的理解范围。

对他来说，不存在“再之后就不是我的领域了”或“让政府或其他企业处理就行了”的想法。他不受既有价值观的限制，也不将自己局限于任何特定的领域或行业。如果他认为某事是必要的，就会不遗余力地追求。这种态度正是特斯拉与马斯克的魅力所在，也是他被称为“下一个乔布斯”的原因。

在新冠病毒疫情期间，马斯克的灵活性和迅速的行动力也得到了充分展现。2020 年 3 月，由于新冠疫情在纽约市的扩散导致呼吸机短缺，马斯克通过他的推特（Twitter，现更名为 X）宣布，将重新开放位于纽约的工厂，开始生产呼吸机。这一决策是在马斯克与网友在推特上的多轮讨论之后形成的，整个决策过程在公共平台上透明地展现给了公众，这可能会让许多日本企业感到惊讶。他在一个对所有人开放的平台上进行公开讨论并做出重大决策，能做到这一点的管理者确实寥寥无几。

尽管马斯克因推特上的一些随性发言而受到批评，但他的确代表了当前公众所欢迎的“愿意发声的经营者”趋势。

特斯拉和马斯克凭借跨越行业界限和常识的宏伟愿景，吸引了全世界的关注。他们是否能持续地超越期望，并对社会产生长期影响？作为 ESG 投资的典范，特斯拉的发展值得我们继续密切关注。

## 亚马逊积极采用 ESG 经营

在科技企业中，亚马逊也在 ESG 方面展现了积极的行动。亚马逊宣布了目标：到 2040 年实现温室气体排放量净零排放，到 2030 年实现所有业务使用100%可再生能源。

亚马逊的优势在于，物流运营这项业务，本身就存在许多创新的空间。企业通过多种方法努力减少环境影响，包括简化包装材料以减少浪费、转向坚固且可重复使用的包装材料、提高信封的回收率、将配送用的汽油车更换为电池汽车等。

2021年2月，亚马逊开始对计划引入的10万辆新型电池汽车进行公路测试，这是与美国新兴电池汽车制造商瑞维安（Rivian Automotive）共同开发的专用配送车。

此外，2021年5月，亚马逊发行了其首款可持续性债券，计划将资金用于支持使用可再生能源、清洁运输手段，如电池汽车，以及环保的可持续建筑项目等。

还有，亚马逊与微软、迪士尼、谷歌、网飞等8家大型企业共同成立了规模化气候解决方案商业联盟（BASCS）组织，致力于减少二氧化碳排放等环保行动。

## 提供按需医疗服务

受到持续的新冠病毒疫情影响，亚马逊于 2021 年夏季开始在全美推出按需医疗服务“Amazon Care”。Amazon Care 通过专用应用程序，使用户可以通过文本聊天或视频通话与医生或护士进行医疗咨询。这项服务还支持应对新冠病毒疫情期间增加的心理健康问题，如果需要药物处方，亚马逊的物流系统可以在大约 2 小时内送达。如果需要面对面诊查，还可以派遣医疗工作者到家中进行服务，包括提供疫苗接种等。

最初，这项服务是专为亚马逊自家员工及其家属提供的，后来，由于新冠病毒疫情的传播以及对诊疗活动中感染风险的担忧，亚马逊决定在全美范围内推广此服务。

在日本，联结（LINE）也提供可以咨询医生的在线诊疗服务，但这项服务似乎还没有在公众中广泛普及。但是，对于那些每次就医都感到有负担的人来说，通过视频通话进行的在线医疗服务无疑是一种高效的选择。

## 微软和比尔 · 盖茨的贡献

微软的创始人比尔 · 盖茨先生，通过其基金会进行了很多 ESG 相关活动，微软也因此享有盛誉。但出人意料的是，微软本身至今在 ESG 战略上的动作似乎并没有给人留下深刻印象。微软的一些 ESG 行动看起来更像是其他科技企业已经采取的常规措施。

微软承诺到 2025 年，将其办公室和数据中心所使用的电力转换为可再生能源，并且到 2030 年实现碳负排放。为了达成这些目标，微软采取了多项措施，包括将办公场所内所有车辆转换为电池汽车，到 2030 年将产品和包装所产生的废物减至零，在数据中心内建立回收中心，以及使其产品“平板笔记本（Surface）”能 100% 被回收利用等。然而，这些措施的关注度并不高。

比尔 · 盖茨作为 ESG 投资者的角色，其对于创新项目的贡献远远超出了微软公司的一系列措施。

他投资了诸如“不可能食品”和“别样肉客”这样的人造肉类生产商以及支持下一代核反应堆开发的核能创业公司“泰拉能源”（TerraPower），积极支持旨在解决社会问题的技术和企业的创新。

盖茨在传染病和能源问题上的确表现出了先见之明。

## 谷歌指引碳排放较少的路线

在 ESG 和 SDGs 成为公众热词之前，谷歌就已经认真考虑“科技能为社会做些什么”。

2007 年，谷歌成为全球企业中首批实现碳中和的企业之一。到了 2017 年，谷歌已经将其全球办公室和数据中心的年度用电量全部转换为可再生能源，其购买的再生能源量也是世界顶级水平。此外，通过利用 AI 优化电力需求预测，谷歌成功将电力消耗减少了约 70%。

谷歌面临的下一个挑战是，到 2030 年实现能源的 100% 碳中和。其目标是在进行业务活动时不排放二氧化碳，完全使用清洁能源。

作为对可持续性新承诺的一部分，谷歌宣布了包括“到 2022 年为 10 亿用户提供减少环境影响的新方法”在内的计划。作为这一承诺的一环，谷歌计划在 2021 年下半年推出谷歌地图的新导航功能。

谷歌地图的这项新功能是在搜索目的地路线时，AI 会预测和考虑道路坡度、交通堵塞等因素，提供二氧化碳排放量更少的环保路线，这是前所未有的独特新功能。

2020 年，谷歌地图新增了一个方便用户查找轮椅友好地点的功能。启用“轮椅可达场所”后，即可显示配备有轮椅通道的入口，这些入口会用轮椅图标标出。此外，用户还能查看是否存在无障碍座位、洗手间和停车位等设施。随着用户不断地搜索和分享信息，这方面的数据也会日益丰富。

据悉，超过 10 厘米的台阶对轮椅用户来说是个难题。这类信息，如台阶高度或是否有扶手电梯，对于轮椅或婴儿车使用者以外的人来说，可能并不会注意。即使提前通过街景等图像信息确认，也可能难以辨认。谷歌通过其技术全面支援了这些处于不利地位的人。当然，这也反映了基于对平台价值深刻理解的营销策略，贯彻了谷歌一贯的企业理念。

## 通过延时摄影感受地球的变化

“谷歌地球延时摄影”（Google Earth Timelapse）功能，让人们能够亲眼见证地球环境如何变化。通过整合过去拍摄的2400万张卫星照片，创造出一个可交互的4D视图，让任何人都能够回顾大约40年间地球的变化历程。

光是听到“地球环境正在变化”可能无法给人深刻的印象，但通过谷歌地球延时摄影，能生动直观地感受到，森林被破坏的规模、气候变化导致的海岸线变化、冰川后退等过去几十年地球上经历的迅速变化。从长期和俯瞰的视角观察地球，对于认识和理解致力于解决全球性问题的ESG的重要性提供了非常大的帮助。

谷歌组织网（Google.org）作为谷歌在 ESG 方面的项目，非常具有象征意义。

谷歌政府作为一个非营利性组织，致力于对全球贫困、能源和环境问题做出积极贡献。该组织的宗旨在于通过提供谷歌旗下的各种资源，来改善社会。

其实，谷歌政府的活动主要依靠企业内部志愿者的参与，这些活动并不直接为谷歌带来利润。尽管如此，许多谷歌工程师仍然积极投身于此，他们希望能够利用自己的技能和时间为社会做出贡献。利用科技参与解决社会问题，员工能够获得非常大的满足感和成就感。

例如，在 2019 年的开发者大会上，谷歌宣布了一项创新项目，该项目通过结合 AI 技术和谷歌地图的地形信息来预测季节性大雨可能导致的洪水的区域，并与印度政府合作，实时发送疏散警报。

将 90% 的时间用于开发营利性应用，而将剩余的 10% 的时间投入非营利的社会贡献项目中。这种混合型的工作模式已经持续了十多年，这种做法值得被更多人了解。

## Salesforce 对无家可归者的支持

销售力（Salesforce）是一家专注于优化商业活动的美国系统巨头，自成立之初便将对社会产生积极影响定为其目标之一。作为一家主要面向企业的公司，它在日本可能不太为人所知，其董事长兼创始人马克·贝尼奥夫（Marc Benioff）自 2000 年公司成立次年起，就实践了面向客户、员工和社区的利益相关者管理。将 1% 的股份、1% 的产品和 1% 的员工工作时间用于社会贡献的"1-1-1 模型"是一个很好的例子。员工利用其资源持续支持、促进女性活跃、解决无家可归者问题等社会贡献活动的发展。

推动销售力公司 ESG 发展的是董事长兼创始人贝尼奥夫。Salesforce 所在的旧金山市，近年来面临无家可归者数量急剧增加的问题。由于 IT 公司的快速增长导致地价不断上涨，结果租金飙升，许多人无法续签合同而失去住所。

在 2018 年，Salesforce 完成了位于旧金山的新公司大厦——61 层高的“销售力之塔（Salesforce Tower）”，并开始了对旧金山社区活动的支持，开展了多种多样的活动。Salesforce 不仅将大楼的一层区域设计为公共空间，为公众提供便利设施，如巴士站和公园，还在大厦的顶层开设了名为“家之层（Ohana Floor）”的接待楼层，这一空间免费对外开放，尤其是为那些致力于人道主义、教育和环境问题的非政府组织（NGO）和非营利组织（NPO）提供活动场地。这种做法也被 Salesforce 应用于其在纽约、伦敦、印第安纳波利斯等地的销售力之塔（Salesforce Tower）中（见图 3-2）。

此外，贝尼奥夫夫妇持续支持相关活动，为致力于解决旧金山市无家可归问题的组织累计捐款 1500 万美元，并且企业员工也为当地非营利组织提供了近 100 万小时的志愿者活动。

图 3-2　Salesforce 以可持续性为核心事业大获成功的首席执行官马克·贝尼奥夫（照片：路透社 /AFLO）

## 与“Ohana”相同的企业理念

不将办公楼的最顶层作为总裁的办公室，而是开放给致力于解决社会问题的组织和社区使用，这种在传统大企业中难以想象的做法，象征着 Salesforce 的企业使命。

楼层名称“Ohana”取自夏威夷语，意为“家庭”。这一名称的使用超越了传统的利益相关者的概念，强调了员工、合作伙伴、社区之间作为“家族”加深联结的重要性。将这样一个空间设置在办公楼的最顶层，反映出贝尼奥夫先生坚定不移的企业理念。

贝尼奥夫先生基于“商业的本质是使世界变得更好”这一理念，创立了 Salesforce 的社会企业“销售力组织网（Salesforce.org）”。该组织致力于创建一个回馈社区的循环，包括为无家可归者提供全面的支援服务，为成为无家可归者的学生直接提供补助金，以及向进行社会活动的非营利组织和基金会提供和资助技术。

Salesforce 在“卓越职场认证”（Great Place to Work®）2021 年版的评选中，在全球 60 个国家中荣获第二名，这一成就不仅反映了 Salesforce 作为工作场所的卓越表现，同时也证明了其致力于社会贡献的 ESG 经营理念与员工工作满意度之间存在密切的联系。

## Facebook 开始拥有 ESG 愿景

从 Salesforce 的例子中可以看出，在推进 ESG 经营的过程中，重要的是领导者提出明确的愿景并通过行动展示。

Facebook 的首席执行官马克·扎克伯格（Mark Zuckerberg）近年也开始明确表达其立场。

2016 年，扎克伯格卖出了价值 9500 万美元的公司股票，捐赠给他与妻子、医生普里希拉·陈（Priscilla Chan）共同创立的基金会。他计划将自己 99% 的股份捐出给慈善事业。此外，该基金会还宣布将投入 30 亿美元用于根除疾病。这位企业家的举措，无疑对社会产生了积极影响。

## 为印度提供疫苗接种地点的发现工具

经历了一些严峻的挑战后，Facebook 目前作为社交媒体平台，正专注于“避免分裂”。

在新冠病毒疫苗的虚假信息和谣言广泛传播时，

Facebook 采取了基于特定标准删除这类帖子的政策，或是引导用户前往美国卫生部门的官方网站。

2021 年 5 月，为了支持在新冠病毒疫情中苦战的印度，Facebook 推出了一项工具，通过其应用程序帮助人们找到接种疫苗的地点。对于针对年轻人的疫苗接种已经开始，但因网站崩溃而无法预约的情况，这一措施可谓是及时的援助。同时，Facebook 还宣布提供价值 1000 万美元的医疗物资支持，以协助应对新冠病毒疫情。

Facebook 没有跟随其他企业生产口罩或呼吸机，而是在疫情期间思考平台应扮演的角色，并通过最大限度地发挥其平台优势来采取行动，展示了其积极的态度。

## 在 ESG 战略中胜出的企业共同点

在 ESG 经营中取得成功的企业的共同点是什么？

回顾至今为止介绍过的企业的共同特点，可以归纳为："在充分整备自己的平台基础上，准确把握时代变化，并以灵活的姿态进行应对。”仅在慈善活动上投入资金是远远不够的。而是要在 ESG 这一大潮流中，打磨并准备好“自己”应该做什么。

财富的再分配是通过税收来实现的，属于政府部门的职责范围。然而，如果仔细观察周围环境，总能找到政府部门或其他私营企业难以涉足或尚未触及的领域。在 ESG 经营中，找到这样的定位并思考如何将之与自己的优势结合起来，或许是最关键的部分。

如果用足球比赛来比喻，就像是要理解在场上跑向何处能够接到球，以及如何有效地接近球门。后卫即使离开自己的阵地冲向对方球门，也并不意味着能够轻易地直接得分。后卫应当做的，是在保护自己阵地的同时，思考在场上的哪个位置截球能够有效地转化为进攻的起点。

商业也是一样。首先，企业需要明确识别出社会中的各个利益相关者，了解自己的企业定位以及在市场中的位置。一旦确定了自己的立足点，便更容易进行方向上的调整，也就是所谓的“方向调整”。开展业务意味着在保持核心价值或战略的轴心不变的同时，根据市场和环境的变化适度调整发展方向。

实际上，真正明白自己“轴心（立足点）”的企业非常少。成功地对 ESG、SDGs 做出贡献的企业，是在充分理解自己的存在意义之上进行方向调整的。

柯达曾是全球领先的摄影胶卷企业，但因未能及时适应数码相机的潮流，在 2012 年申请破产。相比之下，同样以胶卷业务起家的富士胶片，利用其在摄影胶卷制造中积累的技术，成功转型到了制造医疗成像设备等健康护理业务领域。如今，富士胶片已经成为一家同时涉足生物医药领域的企业。这是一个保留轴心并进行有效方向调整的成功案例。

## “丘比 ×AI”的创新

丘比（Kewpie）公司，这家拥有超过 100 年历史的老牌食品制造商，在维持其业务核心的同时，也成功地将 AI 技术作为工具加以应用。

丘比公司的婴儿食品生产过程中，对土豆、胡萝卜等原料的不良品筛选是一个关键步骤。过去，这一过程主要依靠工作人员通过目视来完成，他们需要从传送带上运送的大量切割蔬菜中，识别并移除质量不佳的原料，这不仅工作量巨大，而且效率低下。

是否有可能通过使用 AI 来解决这个问题？刚从日立公司转职到丘比的荻野武先生，通过结合 AI 和摄像头，利用深度学习开发了一个高精度的原料检测设备，并将其引入生产线。与传统的人工目视和筛选相比，处理能力提高了 2 倍，能够进行更精确的筛选。

目前，这种设备也被用于制作副食品。不良品的判断交给了 AI 摄像头，只有移除原料的工作是由人来完成的，但最终筛选工作也可能会由机械臂来接管。

“婴儿食品 ×AI”这种组合的独特性，以及丘比公司利用科技成功提升了食品的安全性和生产的效率，这些成就在 2018 年得到了美国谷歌总部的表彰。随后的一年，丘比还在由日经计算机主办的优秀信息技术应用实例表彰制度中获得亚军。日本企业的这一有价值的努力，虽然在日本国内可能暂时难以获得充分的认可，却先在美国得到了肯定，这在某种程度上显得有些讽刺。

此外，丘比公司也在致力于新技术的开发。丘比公司正在着手开发一种新技术，通过对蔬菜施加电磁波并利用 AI 分析数据变化，来更可靠地识别并移除附着在蔬菜内部的虫子或异物。传统上，这种类型的异物只能依靠人工目视检查来移除。

利用前沿科技来更有效地提供更安全的食品，这样的案例在未来将会越来越多。

## 日本的科技企业怎么样

那么，日本的科技企业如何呢？技术本应是他们的利器，但为什么无法像丘比公司那样创新呢？

企业文化和业务结构等多种因素都可能影响创新能力，但在我看来，一个关键因素是在利用技术方面缺乏数据科学独特技术。

AI 可以通过在云服务器存储数据来轻松处理大量信息。这就需要依赖 AWS、谷歌、微软蓝天（Microsoft Azure）等平台来实施。无论是自然语言处理还是图像处理，海外技术都处于领先地位，并且开发竞争持续进行中。而日本在采纳和实施这些先进技术上通常较为缓慢，因此很难产生能够超越原有技术的革命性技术。过去，日本在“制造业”即硬件方面投入了大量精力，却忽视了软件和数据科学专家的培养。这可以说是一种代价。

请看一下大企业的管理层人员。在日本企业中，来自软件工程师背景的高管很少。因为高层无法真正理解技术的价值，所以不知道如何有效利用，也难以选拔这样的人才。

不仅要学习国外的技术，而且需要深入探索和明确自己的独特性所在，基于这一独特性来制定相应的战略。

对 ESG 经营的态度也是同样的。跨国企业正向着建设脱碳社会迈进，在管理核心引入 ESG，建立治理体系。“能否卖出去”这样的标准已不足以支持企业的持续发展。不夸张地说，商业已经在 ESG、SDGs 的引导下运行。

在这个前提下，理解自己的定位和优势，甚至不惜与竞争对手合作，为 ESG 做出贡献，已成为当今时代对企业的要求。

## ESG 的各种指标并非绝对

到目前为止，我们介绍了致力于 ESG 经营的先进企业的例子，在本章的最后，我们需要指出一个问题：ESG 的标准和指标存在模糊不清和偏向性的问题。

每年 1 月举行的世界经济论坛年会（World Economic Forum Annual Meeting），通称“达沃斯会议”，会公布“全球最佳可持续发展企业百强”。

最新的 2021 年版前十名企业如图 3-3 所示。

对大多数人来说，这些企业名称可能并不熟悉。日本企业中，获得最高排名的是第 16 位的卫

| 排名 | 企业 | 国家 | 行业 |
| --- | --- | --- | --- |
| 1 | 施耐德电气（Schneider Electric） | 法国 | 电气 |
| 2 | 沃旭能源（Ørsted） | 丹麦 | 能源 |
| 3 | 巴西银行（Banco do Brasil） | 巴西 | 银行 |
| 4 | 耐思特（Neste） | 芬兰 | 能源 |
| 5 | 斯坦泰克（Stantec） | 加拿大 | 建筑 |
| 6 | 味好美（McCormick） | 美国 | 食品 |
| 7 | 开云集团（Kering） | 法国 | 服装 |
| 8 | 奥图泰（Metso Outotec） | 芬兰 | 金属 |
| 9 | 美国水务公司（American Water Works） | 美国 | 供水 |
| 10 | 加拿大国家铁路（Canadian National Railway） | 加拿大 | 铁路 |

**图 3-3　2021 年全球最佳可持续发展企业百强前十名**

材（Eisai）。顺便一提，特斯拉排在第 97 位。本章介绍的企业没有排入榜单。从 2021 年开始，评价方法发生了重大变化，但这样的排名并不是绝对的。关于达沃斯会议，我认为它在评分时可能偏爱欧洲，并倾向于推广与自己关系较近的企业。

这也适用于其他指标，因为根据行业的不同，权重和评估方法各不相同，所以一旦排名标准改变，就很容易发生企业排名的大洗牌。

这意味着，由于缺乏全行业通用的标准，客观判断一个企业是否实行 ESG 经营非常困难。ESG 评价机构的各种排名，最好只作为一个参考。

4

# 第四章

# ESG 重塑行业格局

## 能源行业的变动

未来，如果要讨论哪个行业将经历剧烈的变革，首当其冲的就是能源行业。电力的原料将从石油、煤炭等化石燃料转变为可再生能源，这种转变将带来可称为“地壳变动”级别的巨大改变，这已经成为一种不可逆转的趋势。

全球各国和企业正集中力量应对气候变化和推进 ESG，化石燃料的使用已被普遍认为是过时的观念。近年来，在能源行业大企业的股东大会上，围绕气候变化和减碳努力的讨论日益增多，面临的压力也在不断加大。

英国宣布将在 2024 年完全停止煤炭发电的运行。支撑工业革命的煤炭的时代，终将画上句号。这可以说是象征能源革命变革的新闻。

另外，由于能源的稳定供应对国家安全至关重要，即便被认为过时，仍有许多人认为“使用石油的火力发电站不会完全消失”。

然而，像《金融时报》和《华尔街日报》这样的经济报刊，早就开始关注化石燃料和火力发电站的讨论。这就是我一直主张“应该从国外的英文媒体收集信息”的原因所在。如果只看本国报道，就会缺乏国际视角，收集到的信息有限且带有偏见。首先，大多数面向国内的媒体只报道本国人想要阅读的本地信息。在这种情况下，不主动从国际媒体获取信息，就难以根据全球趋势做出有针对性的实践。

如今，在日本，化石燃料在一次能源[①]中的比例占到 80%，火力发电站也自然在运行。如果只看到眼前的现实，就会误认为这种状况是理所当然的，将会一直持续下去。这种感觉是被所谓的现状维持偏见所影响，所以去除这种偏见、核实眼前的事实非常重要。

我要重申，基于当前事实考虑未来，化石燃料时代结束是显而易见的。从京都议定书开始的国

① 又称初级能源、天然能源，指未经任何加工改变或转换过程即可直接使用的能量形式。——译者注

际社会关于气候变化对策的框架、全球先进企业对SDGs的承诺、全球机构投资者对ESG投资市场关注度的增长，以及从依赖化石燃料转向追求脱碳社会的目标，已经可以说是国际社会在全球层面上的共识。

## 行业结构转型将如何影响供应链的上下游

在全球能源需求总量中，太阳能、地热能、风能等可再生能源的比例正呈现增长趋势，其市场规模也在以稳健的速度扩大。并且这种趋势预计将持续下去。据预测，到2050年，可再生能源将占总能源需求的40%以上，这一预测甚至有可能被实际发展所超越，加速向前。能源转型只是时间问题。

能源行业涵盖了从原材料的勘探开发、运输与储存物流、精炼及产品加工，直至批发和最终用户销售等，涉及众多企业及其周边领域。石油不仅是火力发电的原料，还被加工成汽油等燃料，并用于生产各种塑料等石化产品，与人们的日常生活密切相关。

全球的能源供应几乎被少数几家大型石油公司所垄断，但随着能源供应从石油向可再生能源的转变，整个行业的结构将发生根本性的变化。这种转变将从上游到下游，产生深远的影响。

首先明显面临严峻形势的将是石油批发商。汽油需求减少将成为一个持续的趋势。因此，石油批发商不仅需要在燃料供应上进行转型，比如增加电动汽车充电点或建立无碳排放的氢气站，对电动汽车的适应成为迫切需要。当然，从事上游开发的大型企业同样需要重构业务模型，以适应向可再生能源的转变。

同时，作为塑料等化学材料原料的石油，与我们的生活密切相关。近年来，星巴克引入纸吸管并决定完全废弃塑料吸管的举动成了人们讨论的话题。

星巴克这种从石化产品中脱离的趋势预计将在各个行业持续进行，依赖石油的化学材料企业将不得不面临向脱离石油或转向更具高附加值材料的转型压力。如果能够成功应对这些变化，可能会推进塑料业务的剥离等，这个领域的整个行业也将经历重新整合的过程。

## 从马车到汽车，再到电池汽车

1908 年福特 T 型汽车的推出，经常被看作一个象征性事件，它标志着社会的移动方式从马车转变为汽车。能源行业的变革同样将对整个社会产生深远影响。

汽车的普及导致对马车的需求急剧减少，影响范围远不止马车运营商和制造商。从马车司机到照顾马匹的职业，许多与之相关的周边业务也经历了巨大变革。

例如，当时以马饲料为主营业务的粮食巨头嘉吉（Cargill）公司，由于马饲料市场规模缩小到原来的不到 1/100，马饲料业务已变得不再可行。嘉吉公司成功转向其他动物饲料，得以生存下来，而那些未能及时转型的企业自然无法生存。此外，还有许多与马车相关的传统业务完全消失。

能源行业的变革预计将带来的影响，将超越汽车出现时所引发的巨大变革。

大约 100 年前，汽车结束了马车作为交通工具的角色。而现在，汽车行业正在迎来剧变。从脱离汽油、转向电动汽车，甚至是自动驾驶普及带来的机器人出租车等，这些变化共同指向一个目标：通过共享经济模式，从个人拥有汽车转变为仅在需要时使用汽车，以此大幅减少能源消耗。

当前，各国政府正在通过制定政策，逐步推动禁止销售纯汽油动力汽车，并将汽车电动化作为一项强制性要求逐步实施。

让我们关注一下全球正加速进行的淘汰汽油车的趋势。

世界上最先进的国家之一，挪威，计划到 2025 年禁止销售汽油车和柴油车。虽然电动汽车的电池在寒冷条件下可能会出现性能下降的情况，但在挪威这样严寒的环境中，许多停车场已经安装了电加热设施，这实际上反而使建立充电设施变得更加容易。

德国、英国、瑞典已将2030年设定为实现汽车电动化的目标年份，而日本则定在了2035年。在美国，具体政策因州而异，拜登总统正在推动电池汽车转型。加利福尼亚州计划到2035年禁止销售新的汽油车，并已经批准了一项规定，要求到2030年，叫车服务企业，如优步（Uber）和来福车（Lyft），必须使用电池汽车或燃料电池车。这种趋势预计将扩散至其他州。东京都知事小池百合子也宣布了一个计划，目标是到2030年，在东京都禁止销售新的纯汽油车。

全球以销售汽油车为主要收入来源的汽车企业，需要积极应对这一产业的历史性转变，推进向电动汽车的转型。这一转型对于生产汽油车相关部件，如汽油发动机和变速箱的汽车零部件制造商，也将带来重大冲击。

此外，虽然可能尚需时日，但如果人们不再个人拥有汽车，自动驾驶的机器人出租车等服务成为常态，将大幅减少能源消耗。可以预见，致力于环境保护的国家将逐步推进这类政策。

## 日本汽车制造商

正如能源行业正向脱离化石燃料的目标迈进一样，汽车行业向电池汽车的转型也是一个合理的发展趋势。然而，包括丰田汽车在内的许多日本汽车制造商的核心产品依然是汽油车。鉴于日本汽车制造商在汽油发动机技术方面的高度发展，与其他国家相比，它们对于转型为电池汽车的态度显得相对保守。

前首相菅义伟在其首次政策演说中宣布，“到2050年实现温室气体排放量实质为零”，但并未提及汽油车，这可能考虑到了汽车制造商对日本核心产业的重要性。

汽车不仅是日本制造业的象征，其从部件制造到车体组装的全部流程，都是由自家集团内企业在一个被称为“经连会[①](keiretsu)”的垂直整合系统中

① 指日本式的企业组织，keiretsu 为日文汉字“系列”的罗马音。——译者注

负责，这一成功的商业模型，甚至作为一个英语单词，被《哈佛商业评论》所介绍。

然而，拥有高度发展的汽油发动机技术，反而可能成为向电池汽车转型的障碍。因为过于专注于汽油发动机车辆的开发和销售，这是利润的来源，可能导致企业无法将资源优先投入电池汽车转型中。

日本汽车制造商的当前状况，可以说是陷入了由已故的克莱顿·克里斯坦森（Clayton Christensen）教授提出的“创新的困境”，即由于现有产品的优越性忽视了对新需求的关注，从而在新兴市场落后。

尽管日本汽车制造商面临这样的困境，但考虑到汽车排放的二氧化碳大约占日本二氧化碳总排放量的四分之一，为了实现温室气体排放零目标，电池汽车转型是一个迫在眉睫的任务。

从全球趋势来看，这一转变似乎很难逆转，但在日本，对能源转型的态度和对当前状况的维持偏见类似，似乎有很多人没有意识到重大变革即将来临。

这与 2008 年 iPhone 首次登陆日本时的情况颇

为相似，当时许多人冷眼旁观，认为“iPhone 在日本不会流行”。当时正值日本手机（即所谓的“老式手机”）全盛期，行业未能意识到 iPhone 的根本优势，结果在智能手机开发上落后，大部分被淘汰。

我们将目光转向海外，以挪威为例，电池汽车已经占到新车销售总量的 50% 以上。考虑到北欧在环境问题上的先进立场，以及挪威几乎所有电力都来源于水力发电，因此建立了完善的充电基础设施，我们可以见证到电池汽车转型的快速发展。

## 持观望态度之前应试驾电池汽车

美国特斯拉公司作为领跑电池汽车领域的创业公司，其飞速发展也证明了这一点。2020 年 7 月，特斯拉的市值超过了长期占据行业领先地位的丰田汽车，这一事件被广泛报道。尽管就全球销量而言，特斯拉远不及丰田汽车，但其股价之所以能够急剧上升，是因为市场高度认可特斯拉在超越传统汽车制造商方面的先进性。此后，特斯拉继续稳步增长其业绩，全球电池汽车销售量也急剧增加。

确实，在日本市场，特斯拉的存在感还不够强烈。在日本的道路上行驶的特斯拉数量还不是很多，许多日本人仍然认为汽油车时代会持续较长时间。

然而，这里我想强调“获取一手信息”的重要性。也就是说，如果我们要思考汽车产业的未来，应该亲自体验特斯拉等电池汽车。电池汽车独有的由电脑控制的平滑加速和舒适的驾驶体验，与汽油车完全不同。其防止交通事故的驾驶辅助功能也非常出色和舒适。虽然存在充电基础设施等挑战，但乘坐特斯拉不仅对环境有益，还能提供卓越的客户体验，这是亲自试驾后立刻就能明白的。

这种客户体验不仅是悬挂系统或硬件的优劣。它是一种综合体验，包括了通过软件安全享受音乐、视频、游戏等多种实际体验。这些体验通过互联网搜索或查阅日本的报纸、杂志是不能完全理解的，只有亲身体验之后，才能真正感受到，这正是推动全球电池汽车转型的一个重要因素。

## 从根本上重新审视日本的制造业

这一全球性的电池汽车转型趋势，可能会彻底改变日本“制造物品”这一概念本身。

汽车产业是支撑日本经济的核心产业，代表了日本制造业的顶点。

但随着电池汽车转型的加速，情况将如何发展呢？在中国，由于国家政策的大力推动，电池汽车的普及正稳步前进，本土制造商在这一领域也持续取得显著进展。2020 年，中国汽车制造商上汽通用五菱汽车推出了小型电池汽车“宏光 MINI”，其售价仅为 4230 美元，这个价格甚至比日本的轻型车[1]还要便宜。当这样的低价中国产电池汽车登陆日本市场时，日本的汽车制造商将如何应对呢？同时，

① 日本交通相关法令制定的一种微型车，车牌颜色为黄底黑字（自用车）及黑底黄字（营业车）。——译者注

特斯拉也宣布计划到2023年，推出面向大众市场的低价位车型。

通常来说，电池汽车在设计上与现有的汽车不同，部件数量也更少。这意味着在未来通过模块化设计和大规模生产的方式，电池汽车的成本有望进一步降低。就像个人电脑行业经历的那样不断发展、售价逐渐下降，这一规律同样适用于电池汽车。在不远的将来，市场上可能会出现20万日元级别的电池汽车。

当这样的未来到来时，日本汽车产业将面临巨大的冲击。

日本的汽车产业构成了一个庞大的产业链，其核心是汽车制造商，囊括了众多领域。这一产业链覆盖了钢铁、玻璃、橡胶、树脂等多种材料的使用，以及运用压制、铸造、模具等技术进行的专业部件和设备的设计与制造。此外，还包括了在这些各自领域内进行的研究与开发工作。在日本，没有其他产品能够替代汽车产业的地位。电池汽车转型带来的汽车价格下降，将对所有这些部门造成冲击。一些部件将变得不再需要，面向电池汽车的改进将成为发展的必然方向。

为了度过这场剧变，可能只有一条出路，那就是创造完全区别于他人的车型。如果无法推出被市场认为“这是特斯拉绝对做不到，只有丰田汽车能做到的产品”，日本的汽车产业可能会被电池汽车转型的浪潮所吞没。

## 自动驾驶的普及将改变城市面貌

此外，另一个将彻底改变汽车行业的重要因素，是前面提到的自动驾驶技术。

随着使用 AI 的自动驾驶技术的发展，将出现“机器人出租车”服务。据估计，全球约 95% 的汽车大部分时间停放在车库等地。实际上，车主驾驶私家车的时间大约只占到总拥有时间的 5%。这 95% 的闲置时间，可以通过自动驾驶技术，让车辆作为出租车使用，这种服务就是机器人出租车。

机器人出租车服务普及后，车辆的运行时间预计将是传统的 20 倍。即使包括软件在内的研发费用达到 5000 万日元，考虑到使用时间，相当于用 5000 万日元的 1/20，即 250 万日元购买了一辆车。简单来说，这意味着即使车辆数量减少到原来的 1/20，也能满足需求。这对于年产约 100 万辆汽车的汽车制造商来说，意味着年产量可能骤减至 5 万辆。

随着机器人出租车的普及，汽车将不再是个人购买和拥有的物品，而是根据需求随时安排的服务，这将改变人们与汽车相关的生活方式。自动驾驶技术还将改变城市的面貌。目前的日本城市基本上是围绕火车站形成的，但未来随着自动驾驶电池汽车的增加，以及避免拥堵的系统的建立，人们的出行方式可能会从铁路转向电池汽车。这将改变以火车站为中心的城市形态和旅游方式。

## 日本汽车产业需要做些什么

随着电池汽车转型和自动驾驶技术的应用趋

势，行业重组将进一步加速，那些未能跟上这一趋势的汽车制造商，将不得不面临合并和缩减的局面。可能会涉及将私募股权作为投资对象的基金等参与其中。这与日本手机制造商过去的经历几乎相同，即因为没有能力自主开发操作系统而失去了平台控制权，再加上在硬件生产方面无法与中国制造商在价格上竞争，最终被迫退出手机市场的情形，似乎正在汽车行业中重演。

为了生存下来，汽车制造商必须全力投入自动驾驶服务的开发。然而，人工智能软件的开发涉及的技术与传统汽车生产领域的技术截然不同。巨头信息技术企业如微软、亚马逊、苹果等已经进入这个市场，它们资助的初创公司，已经开始在公路上进行无人驾驶汽车的商业化前的实证试验。究竟能与这些强大竞争对手抗衡到什么程度呢？日本的核心产业正处于一个关键时刻。

当然，日本的汽车制造商也在努力跟进。

在 2020 年 1 月于美国拉斯维加斯举办的数字技术展览会 CES 上，丰田汽车公布了智能城市构想

“交织城市（Woven City）”。这是一个在静冈县自家工厂遗址上实验性建设城市的尝试，目的是将自动驾驶车辆用道路与人行道分离，实现整个城市的自动驾驶。

这意味着“不是让车适应现有的城市，而是让城市适应车”的理念。这是一项旨在将其平台推向国际市场的构想，但是到目前为止，还没有公布任何在国外的有力技术合作伙伴企业。由于2021年的国际消费类电子产品展览会因新冠病毒疫情以虚拟形式举办，丰田也未参加展会。技术无国界，因此向全球传播“Woven City”的理念，“国际社会如何接受这一概念”显得尤为关键。

本田和日产也在推进自动驾驶服务的开发，而我关注的不是汽车制造商，而是索尼的电动试验车“VISION-S”。与丰田汽车的Woven City概念相似，索尼在2020年CES上发布的VISION-S之所以引起广泛关注，不仅因为索尼公司进入了造车领域这一意外性，更因为这款车展示了索尼在高性能相机传感器、先进音响和视频娱乐系统方面的独特技术和愿景。

索尼对公路自动驾驶测试的积极态度也反映了其适应时代潮流的能力。尽管“VISION-S”目前仅是一款试验性电池汽车，并未计划将其投入生产，这种策略可能部分是出于对现有汽车制造商的考虑。然而，“VISION-S”展示了索尼在利用自身的技术优势方面的远见，标志着索尼正致力于业务模型的进一步演变。在汽车产业的剧变中，不仅是硬件，包括软件在内的客户体验方面，索尼是准备得最为充分的公司之一。

VISION-S 和 Woven City 均在数字技术展而非世界三大汽车展之一的“北美国际汽车展”（又称底特律汽车展）上发布，这也象征了未来汽车行业整体的方向。

## 物品价值由软件决定

这样的汽车行业变革，也将导致日本整个制造业的变化。这是因为，未来软件开发将成为制造业的关键。

例如，特斯拉的软件通过互联网进行OTA（Over The Air，空中下载）更新。传统上，汽车制造商每隔几年更新一次车型，以增加新功能或改善性能。然而，未来的汽车可以仅通过按键操作实现功能更新，这种进化的速度远远超过以往。

这样一来，软件开发将不可避免地成为汽车产业的主要业务，而那些不能进行软件开发的传统汽车制造商，可能会变成仅制造车体这一硬件的制造商，并陷入价格竞争。

这种软件硬件分离的趋势将在各种制造业中发生。日本企业的制造，基本上是由包括汽车制造商在内的各种规模的硬件制造商支撑起来的。然而，未来所有设备都将装载软件。这意味着软件将决定物品的价值，仅制造硬件的制造商将逐渐弱化。

可以说，智能家居的普及就是在我们身边的一个例子。在智能家居中，不集成软件的家用电器根本不会被考虑。目前，智能家居市场主要由亚马逊的亚利克莎（Alexa）、谷歌的尼斯特（Nest）所主导，苹果的家庭套装（HomeKit）也在努力追赶。但想要通过自主开发软件，与这些巨头进行竞争，无疑是非常困难的。这意味着，许多家电制造商不得不转而生产与这些主导产品兼容的设备。

此外，近来软件企业也开始涉足产品开发本身。亚马逊已经在美国开发并销售了微波炉，并且还获得了带有摄像头和其他传感器的“带有摄像头等传感器的冰箱监视器”的专利。这种设备可以实时监控冰箱内部，收集食材数据，通知用户缺少的食材，从而抓住精准的销售时机。理论上，这种设备甚至可以配备气味传感器，以便在食物变质时发出警报。

当亚马逊开发出具有这些新功能的冰箱时，现有制造商能用什么样的附加价值来竞争呢？采用专业厨师赞不绝口的功能，并在高价位市场竞争，可能是一条路。

日本企业在过去的领域，包括个人电脑、手机、云计算、流媒体以及汽车等，持续地被外国企业夺取市场份额。这种趋势将对日本的制造业带来根本性的变革。

## 中央银行数字货币的引入将带来巨大变化

以中央银行数字货币（CBDC）为代表的货币数字化，也是值得关注的，它将给我们的日常生活带来重大变化。

CBDC 是指世界各国中央银行以电子形式发行和管理的官方货币。通过将流通中的货币数字化，可以大幅减少现金的运输和存储成本、自动柜员机的维护和安装费用等。此外，CBDC 还可以让那些没有银行账户的人也能进行支付，这一点特别受到欢迎，因为它有望让更多人能够使用金融服务。CBDC 的引入，同样将促使各种行业的结构转型。

提到数字货币，人们经常会谈到因其价格波动剧烈而知名的加密资产比特币，它是通过区块链技术发行和加密的。相比之下，CBDC 作为法定货币，背后有中央银行发行的信用支持。与比特币不同，CBDC 的价格不会波动，就像通常的银行票据一样，即现金，随时随地都可以使用。这意味着数字货币最终有可能替代当前的货币。

关于 CBDC，人们可能会受到现状维持偏见的影响，认为纸币和硬币不可能消失。然而，比如日本的中央银行，日本银行发行货币始于 1885 年，至今仅有大约 130 年的历史。回顾货币本身的历史，可以说中央银行制度的建立是在不久之前。随着技术发展，货币数字化进程是自然而然的，也不会带来不便。

在全球范围内，中国是最先积极推进 CBDC 的国家之一。中国已经启动了数字人民币的试点项目，在 2020 年 10 月，深圳市通过抽奖的方式，向 5 万名市民每人发放了 200 元数字人民币。据报道，这些资金的消费率超过了 90%，并且没有引发任何重大问题。这样的试验仍在继续中。

在日本，日本银行在 2021 年 4 月开始了 CBDC 的试点实验。与此同时，英国也启动了政府与中央银行共同的任务组，目的是研究和开发 CBDC。美国尚未公开具体的 CBDC 计划，并且保持谨慎态度，这可能考虑到CBDC可能会削弱作为世界主要货币的美元的力量。

然而，由于中国和其他国家在CBDC发行方面的先行措施，美国联邦储备委员会（美联储）已表示将发布有关CBDC的优点和风险的研究结果。

## 新兴国家对发行数字货币充满热情

根据国际清算银行（BIS）2020年的调查研究，整体趋势表明，新兴国家比发达国家在考虑发行数字货币方面更为积极。这背后的思路是，在许多国民尚未拥有银行账户的新兴国家，通过发行CBDC，可以实现人人平等地访问金融服务。

## 数字货币的优势是什么

货币数字化将使人们的经济活动变得更加顺畅。首先，最大的好处是能够将资金流动以数据形式可视化。

例如，关于支援金和补贴金的申请及审查过程经常出现延误，不能顺利进行，这成了一个受到广泛关注的问题。如果数字货币得到普及，那么处理这些程序可能变得更为简便。不同于现金，数字货币能够实时监控市场资金流动，因此能立即识别经济的哪些方面、哪些行业或领域受到了影响。

如果将资金比作血液，数字化货币能让我们立即知道经济体系的哪部分出现了问题，就像能立刻发现身体中哪里发生了动脉硬化一样。如果能实现这一点，我们就能明确支援金和补贴金发放的优先级，实际发放过程也能避免复杂的申请和审查环节，仅通过点击一个按钮就能批量快速完成。

此外，能够将资金流动可视化，也意味着可以防止逃税、洗钱等非法行为的发生。

在经济合理性方面，数字货币具有非常大的优势。考虑到流通成本，据说使用现金时，包括自动柜员机和保险柜的管理、配备警卫的现金运输车等在内，每一万日元就需要承担数十日元的成本。那么，这些背后的成本是谁在承担呢？最终是由纳税人来承担。

此外，零售店的每台收银机成本高达数十万日元，比电脑还要昂贵。当然，这些成本最终会转嫁到消费者支付的钱中。如果是数字货币，这些成本几乎不会产生。

因此，可以说数字货币的优势非常大。

虽然到目前为止我们一直习惯于使用现金，但如果未来数字货币得到普及，现金可能会被视为过时的东西，人们可能会认为过去使用现金是没有办法的选择。

## 货币数字化将极大改变银行的角色

随着货币数字化的推进，银行的角色也将不可避免地发生重大变化。

首先，变化的一个重点是，在工资支付方式上，可能会考虑采用电子货币支付。目前，大部分人通过银行账户接收工资，但已经出现了法律修改的趋势，允许企业不经过银行账户直接支付工资。

在未来，人们可能会通过电子货币支付服务企业提供的智能手机应用来接收工资。

## 不再需要实体银行

如前文所述，将金钱流动比喻为血液流动的话，那么流经市场的血液源头无疑是人们的工资。如果这些工资被数字化，不再需要存入银行账户，那么持有银行账户的必要性将大大减弱。目前，已经有许多人使用多种支付应用程序，银行账户可能也会变成“根据实际情况灵活选择使用的”应用程序之一。

随着这种发展趋势，实体银行窗口将变得不再有必要。贷款或投资等各种交易都可以在网上轻松完成，例如住房贷款咨询这样的服务，将来也可能实现自动化。资产管理方面，像机器人顾问这样的自动管理服务将会进一步发展。

如今，日本全国的银行分行和服务窗口，都坐落在各个车站前和一流地段。随着银行角色的变化，它们最终可能会消失。设置在全国各地的自动柜员机，随着数字货币的普及，也将像现在的公共电话一样成为过去的遗物。就像自动驾驶技术一样，科技的发展将改变城市的面貌。

## 信用评分让诚实者受益

随着金融行业的数字化以及数据可视化和积累的进展，信用评分的应用也将得到推进。

信用评分是通过分析个人相关的各种数据，如职业和购买行为等，将个人的信用能力量化的一种机制。在美国，已经有通过亚马逊账户或云会计[①]账户等来测量个人信用评分，并据此决定贷款额度的交易。

在中国，阿里巴巴集团旗下的芝麻信用（Sesame Credit）的信用评分已广泛普及。在日本，由瑞穗银行和软银投资的信用评分服务“J 评级

① 指可在云端使用的会计软件。可以实现与银行账户或信用卡的联动，自动进行交易内容的分类账目处理。——译者注

（J.Score）”已经推出，但总体上，电子化数据较少，信用评分的认知度还不是很高。然而，随着实体和网络数据的进一步整合，情况预计将发生变化。

对于信用评分，许多人可能会对这种将过去经济活动打分的系统持有负面看法。然而，这实际上是一个“诚实者受益”的系统。

举一个简单的例子，消费者贷款通常对所有用户设置统一的利率，无论是陷入赌博债务的人，还是认真工作并且不挥霍的人，都被要求支付相同的利率。这并不公平。如果引入信用评分，就可以根据各自的经济状况提供适当的利率。即使信用评分一度下降，如果之后持续进行稳健的经济活动，信用评分也可以恢复。最终，信用评分有望成为大幅促进经济活性化的系统。

## 地方银行探索新的价值

诚然，无法跟上数字化的老年人等人群肯定会有，因此银行柜台和现金可能会保留一段时间。无论如何，银行分行的缩减将会持续进行。

在这种情况下，处境尤为不妙的是地方银行。传统上，地方银行的优势在于扎根于地区的密切型活动，但随着数字化的推进，各种信息变为数据进行可视化和积累，这样的独特性变得难以发挥。失去了地区密切型特性的地方银行，不得不去寻找其他适应数字化的优势，否则将被行业重组的浪潮所吞没。

在美国，谷歌已经在支付应用“谷歌支付（Google Pay）”中加入了开设银行账户的功能，科技企业进入金融业，推动了数字化改革。在新加坡，也新颁发了“数字银行”许可证，不仅是传统的金融机构，互联网服务公司网海（Sea）和在线叫车服务搭一程（Grab）也获得了营业执照。未来，日本也可能出现类似的动向。

## 免手续费模型的普及

未来金融行业的变革趋势之一是手续费免费

化。这一趋势的起点是美国网络证券公司罗宾汉（Robinhood）的成功。

罗宾汉确立了一种新的商业模型，即通过将用户的股票买卖订单分配给证券公司来获取费用，从而实现手续费免费。只需通过应用程序操作，就能像玩游戏一样进行投资，这受到年轻一代的广泛支持，并迅速打下了用户基础。

这种创新对整个行业产生了影响，促使美国最大的网络证券公司嘉信理财（Charles Schwab）收购了德美利证券（TD Ameritrade），摩根士丹利收购了 E 商务（E. Trade），各大公司开始推行手续费免费化。

在日本，SBI 证券作为最大的互联网证券公司，也采取了对 25 岁以下客户取消手续费的策略。这一举措可能成为推动日本金融市场进一步手续费免费化的关键转折点。随着这种趋势的发展，金融机构需要重新考虑如何展现自己的价值，并思考赢利模式的转变。我预测，金融机构可能需要更加专注于提供专业的咨询服务，以及增强并购中介等领域的服务能力。

## 零售业的商业模式将发生变化

数字货币的引入等变革，不仅会对金融行业产生重大影响，还会影响到各个产业。

对于主要依赖现金支付的线下零售店而言，需要迅速适应这一变化。随着现金处理需求的减少，店铺经营将变得更为轻松，同时，随着数字化的不断推进，商品的销售方式本身将发生变化。

消费者属性和数据分析的进步将促成新的商业模型出现。这些新模型将活用推荐、促销活动和市场营销等策略来开展业务，所有的零售业都将转向“通过数据采集来更加有效地销售商品”的商业模式。

此外，书籍的销售方式也将改变。尽管书籍已经通过电子书形式实现了数字化，但对数据的有效利用尚未实现。应当综合考虑读者的不同属性、阅读的具体场合、反馈等各方面信息的数据化，并探索如何利用这些数据来构建新的社群。此外，还可以扩展更多服务，比如直接与作者进行交流、邀请作者参与讲座等。从技术角度来看，实现这些服务已完全可行。

随着商品销售方式的变化，零售店铺的形态也将发生变化。以“b8ta”这样的概念店为例，它的主要目的不是直接销售商品，而是提供一个让顾客体验商品的空间。这种模式下，店铺可以将顾客在店内的行为进行数据化，预计将来越来越多的零售店将采纳这种模式。而“Amazon Go”这类无人便利店则通过传感器技术，实现了店铺运营的全面数据化，顾客可以使用智能手机应用或者通过简单的手势来完成支付。这种类型的店铺在不久的将来，应该会变得更加普遍。

虽然有些人可能认为，日本在数字化方面的门槛较高，但从消费者的角度来看，亲和性是很高的。

日本虽然仍有较为依赖现金的文化，但电子钱包和二维码支付已经广泛普及。此外，由民营企业推出的积分生态系统也已经形成。如乐天的超级积分等。因此，对于数字货币的引入和支付方式的变化，许多消费者应该会像他们过去接受旧电子支付软件一样，以一种“出现这样的东西挺方便”的态度来适应这些新变化。

当然，依然有相当一部分人群坚持使用现金，因此收银台支付等传统支付方式可能会继续存在一段时间。这与车站中的检票口情况类似，尽管大多数检票口仅支持电子支付方式，但仍然保留着少数可以接受纸质票据的设备。未来可能会出现一种情况，使用数字货币和传统现金支付的人群，将使用不同的收银台或转账方式，从而形成一种“分居”的状态。在这个过程中，采用数字货币和积极利用数据的人群将不断扩大，形成一种网络，这将使得生活方式变得更加灵活和便捷。

曾经，永旺（AEON）不仅将商店定位为“销售商品的地方”，还把它作为提供娱乐的空间来经营。当时确实存在着类似“那本地的商业街将会怎样！”的反对意见，但如果没有这样创新的尝试，想要让推着婴儿车的母亲们愿意去商业街购物可能会很困难。

采用购物中心模式的发展不仅反映了经营者的远见卓识，也是对消费者日益苛刻要求的一种回应。现在，随着数字化浪潮的洗刷，零售店作为一个物理位置的存在价值需要被重新考量。

5

# 第五章

## 给日本企业的处方

## 推迟 ESG 将面临锁国的命运

各国政府和企业正加速努力，致力于建设一个可持续发展的社会。曾经在全球趋势中落后的日本企业，现在也终于开始采取行动，在考虑到各种利益相关者的基础上，执行 ESG 经营策略。

然而，在日本，ESG 成为一时热潮后便消退的可能性尚未完全消除。这是因为新冠病毒全球大流行引发的经营危机，导致许多企业没有余力专注于 ESG。

但是，如果组织内部将 ESG 战略的优先级降低，推迟执行，五年后随着新总裁上任，一切重新开始，那么与其他国家的距离可能会进一步加大。这样，日本在未来可能无意中走向一种类似于锁国的状态。

对企业而言，创建长期价值时，ESG 指标已成为必不可少的一部分。这一趋势正加速发展，不积极参与 ESG 经营可能被视为“不愿与社会合作”。这种情况可能导致被资产管理公司排除在投资候选名单之外，上市门槛提高，以及消费者和客户好感度降低。因此，面临的不利因素在增加。

日本企业对市值的认识尤其不足。这可能是因为泡沫经济时期的惨痛经历，导致一些人嘲讽“市值不靠谱，它就像是由期望值构成的海市蜃楼”，但另一种观点也可以是“股价是未来利润的总和”。

基于这样的观点，企业不应仅围绕每个季度的亏损或盈利进行争论，而应关注公司的未来，并在ESG的语境下管理来自投资者的期望。

## 为什么日本的总裁不在社交网络的时间线上

当然，站在前沿并承担这一任务是高层领导的责任。

我认为，日本企业在ESG经营方面落后的一个原因，与日本企业管理层的性质不无关系。

如果高层领导能够亲自明确表达“我们目前正

在开展这样的业务，从 ESG 的角度看，我们认为这样做对客户、员工乃至于社会未来都能带来积极的价值”，那么就能够产生对话，并最终反映在股价上。如果是全球企业，不仅应使用日语，而且还应积极地使用英语来进行传播。

然而，仅通过固定模式的新闻发布会来进行这样的传播是无效的。如果不是在社交媒体这样的开放平台上，用自己的话向包括普通民众在内的全世界进行传播，那么传播就将毫无意义。

例如，特斯拉的马斯克在关注到因新冠病毒疫情而疲于奔命的医疗机构时，通过推特表示“如果缺乏呼吸机，特斯拉工厂将进行生产。”这篇帖子引发了媒体、公共卫生部门和政界人士的广泛响应。纽约市市长白思豪（Blasio）通过回复表示“纽约市将购买”，在他的推动下，特斯拉开始生产和分发呼吸机。

在日本，能够利用社交媒体以这样有益的方式进行传播的企业高层有多少呢？当然，发言伴随着风险，但如果能够清晰地传达企业的愿景，这无疑会为企业带来巨大的利益和商业机遇。这也可能成为一个改革机会，可以促使企业重新审视那种不通过董事会会议无法做出决策的企业体制，改革这种缓慢的企业文化。

在当下这个时代，社交媒体工具使得利益相关者能够平等地连接，领导者被要求具备高水平的传播能力和表达能力。即便是单词的选择，也能传递出企业的特色和微妙差异。消费者在评价企业时，其态度也是考量的一部分。沉默只会带来不利。

当然，也有那种在社交媒体上声势浩大但实际行动跟不上的企业，因此必须根据发言和环境报告书的成绩，平衡地做出判断。

顺便说一下，我在海外很少看到领导人在西装胸前佩戴“SDGs徽章[①]”。这也意味着，日本可能仍然处于需要有意识地开展那些容易被公众察觉的启蒙活动的阶段。

---

① 17色徽章，代表SDGs中提出的17个目标。——译者注

## “听说过公司名，但不知道总裁是谁”的企业为何危险

领导者展示其愿景之所以重要的另一个原因，是为了吸引并留住“人才”，这一仅次于投资者之后的关键性资源。

为了让优秀的人才产生“想要加入这家企业”的想法，理想的状态是外界能够清楚看到领导者的真实形象。如果人们对一家企业的印象仅停留在“听过这家企业的名字，但是总裁是什么样的人？”，那么领导者的形象和愿景就没有被有效传达。领导者存在感的缺失，直接影响企业方向的明确性。

为了组织的成长，引入新鲜血液也很重要。“我在这里工作了30年，对企业的了解胜过任何人。”，全是这样的员工聚集的企业，很难实现多样性及其衍生的创新。

重要的是，即使是从外部中途加入的人员，也能迅速地理解并表达企业的使命，这需要构建并共享一套强大的企业理念。数字化转型和SDGs也是

同理。关键不在于部门的分割，而在于需要所有员工共享 ESG 的理念，这样才能推动真正的变革。

如果有人正在考虑跳槽，想要了解目标企业的高层是否是“值得信赖的领导者”，他们可以通过查找这些领导者在媒体上的形象来获得一些线索。采访文章能够传递他们的思想和方向性，但如果可能的话，通过视频等媒介直接观察他们讲话的方式更佳。如果有机会，与这些领导者直接会面并进行交谈则是最理想的选择。通过他们的声音和言辞，可以感受到他们对最新技术趋势的理解程度，以及他们是否真正将 ESG 视为自己的使命。

## SOMPO 控股提出的新愿景

面对正在探索未来方向的日本企业，让我们以日本财产保险公司（SOMPO）这一以汽车保险和火灾保险为主营业务的企业为例进行介绍。

该公司数年来，并不局限于保险业务，一直在探索新的收益来源。SOMPO 目前的危机感，可以说类似于亚马逊上市时沃尔玛的心境。随着自动驾驶技术的提升和普及，交通事故数量预计将减少，这可能会让汽车保险的持续性面临危机。

那么，下一步应该朝哪个方向发展呢?

SOMPO 提出了构建一个“安心·安全·健康的主题公园”的新愿景，旨在通过创造社会价值来实现这一目标。该企业利用积累的多样化资源和数字技术，与健康相关的创业公司合作，启动了如认知症支持计划等大胆的业态转换。

这与足球比赛相似，比赛情况会不断变化，社会也在迅速变化。企业往往面临“是传球还是射门?”的抉择，而不是盲目奔跑。企业需要明确 5 年后、10 年后的愿景，按照 ESG 的理念，向业界清晰传达“世界将会这样变化，我们将在这个位置为社会做出贡献”这一信息。

## 实践“存在意义”经营的 3 个条件

将 ESG 置于经营中心，实践以“存在意义”为核心的经营，企业必须做到以下3点：

首先，牢牢把握时代和社会的动向。这是最基本的前提。

其次，客观认识到当前时代最前沿的技术具有哪些可能性，以及自己擅长什么。

最后，需要在企业内部进行充分的说服工作。

如果领导者不能身先士卒地执行以上3点，那么这个组织就无法提升等级。不是以“为了社会，我们也应该这样做”为附加思考，而是以“按现状继续下去将没有未来”为自我否定的出发点，认真探索“那么我们应该如何改变”，这是让ESG和SDGs在组织中扎根的捷径。

放弃那种认为最前沿技术与自己的行业无关的想法。行业边界正变得越来越模糊。就像数码相机厂商从未预料到自己会被智能手机挤出市场一样。用全新的角度审视社会，会发现一切事物实际上都与“分内之事”息息相关。

## 为什么中小企业难以推进 ESG 经营

尽管如此，与跨国经营的大企业不同，规模较小的企业可能仍然保留着“ESG 是大企业才会做的事情”这样的观念。

对于中小企业而言，如果不上市，即便没有实施 ESG 经营，也几乎不会面临社会压力。从某种意义上讲，这是无可奈何的事情。

然而，这种做法肯定会带来看不见的机会损失。例如，未来，忽视 ESG 的企业可能会被大企业的供应链所排除。这种可能性会日益增加。

尽管如此，由于这对日本中小企业的治理结构没有惩罚也没有压力，除非新规则被法制化，否则推进 ESG 经营确实是一大挑战。

然而，SDGs 和 ESG 本质上是全球性的议题，这个讨论局限在日本是不合适的。即便是中小企业，也必须掌握和行动起来以应对国际潮流。

基于这样的前提，对于那些正为“在国内市场收缩的情况下，自己的企业未来该如何是好”而苦恼的经营者来说，应当研究海外的案例。他们肯定能找到在相似行业、处于类似地位的企业，这些企业已经大胆地转变了自己的业务模式。当然，这并不意味着可以直接模仿，但从这些案例中汲取灵感，认真考虑如何进行适应，无疑将成为一个转变契机。

## 初创企业应尽早融入 ESG

然而，对于初创企业来说，情况则有所不同。相较于中小企业，初创企业更应该在早期阶段积极地将 ESG 的视角融入组织结构中。

例如，一个以开发人造肉为目标成立的初创企业，面临实业化的挑战时，可能会出于对短期利益的追求，优先考虑这些利益，甚至转而选择协助其他食品企业进行研发工作，或者接受委托为其他企业生产人造肉。想要进行这些尝试也未尝不可。

但它们更适合中小企业去做，而不应该是初创企业的选择，因为初创企业的存在意义在于“快速成长”。

仅为了维持现金流的平衡而运营，这种做法是没有意义的。若不能预见到至少 20% 的销售额增长，那么就应考虑转变业务方向。

## 在日本教育下成长的成年人与 ESG 是否不相容

在美国，对于所有企业而言，环境保护的要求水平都高于日本。例如，在加利福尼亚州，如果要建设新工厂，就必须获得“绿色建筑认证 LEED[①]（Leadership in Energy and Environmental Design）”等最高级别的环保性能评估系统认证。

这种做法在某种程度上，与京都市对高度超过 31 米的建筑进行限制，以保护古城风貌的措施相似。

---

① 领先能源与环境设计。一项全球通用的绿色建筑认证计划，旨在帮助建筑业主和运营商对环境负责并有效利用资源。——译者注

至少从一般市民对 ESG 思想的接受程度来看，相较于欧美国家，日本似乎还未达到同样的普及程度。在日本社会成长并步入成年的现代人，为什么难以将 ESG 视为“分内之事”呢？

我认为，日本一直以来的公共教育体系，与 ESG 这种没有标准答案的问题相悖。

日本的学校是学习正确答案的地方。正确的答案一直在老师那里，因此学生往往不得不处于被动接受的状态。回想少年时代的教室，许多人可能不会觉得，在那种气氛下，能够轻松地提出不同的观点或进行反驳。

从激励结构来看，这种现象似乎是自然而然的结果。

在课堂讨论中，如果能给出正确答案就能得到 100 分。但若是给出不自信的答案，分数可能会降到 10 分。在这种错误的风险很大的情况下，鼓起勇气发言可能会导致损失。如果有一种激励机制，即使错误只得 10 分，但正确答案却能得到 1000 分，人们的行为就会发生改变。在一个对错误不宽容的社会中，人们往往为了自保而选择在发言上持消极态度。这种情况下，自然难以激发积极的讨论氛围，也不利于培养讨论的热情。

我认为，这种教育方式是错误的。

气候变化、循环社会、人权问题和减少不平等，这样的社会问题将会继续出现。这些问题没有简单的“正确答案”。面对没有正确答案的问题，我们应如何应对？我们需要的不是对前提的否定，而是合理的怀疑，与持有不同观点的人进行对话，思考为解决这些问题而需要采取的行动。我认为，这些正是当前时代对每个人所要求的能力与素质。

## 信息来源变为成年人 + 互联网的一代

另外，被称为千禧一代[①]和Z世代[②]的20岁至30岁的年轻人，将ESG视为“分内之事”，并积极

① 指出生于1982—2000年的人群。——编者注
② 指出生于1995年到2009年的一代人。——编者注

地在日常生活中承担起相应的责任。

过去，儿童的学习信息来源大多是父母或教师这样的“身边的成年人”。但是，今天的年轻人在成长过程中拥有互联网这一强大的智慧武器。年轻人们通过视频网站和社交媒体，接触到了持有多样化价值观的人，扩大了视野，被赋予了采取行动的勇气。

我认为，只要没有涉及生命危险，那么在媒体上大胆发表自己的意见，能够获得更多的洞察。

你感受到了什么，正在进行哪些活动，想要实现怎样的社会形态，这些都必须公开发表，否则就无人知晓，也不知将如何被接受。无论是在社交媒体还是在博客上写的内容，都有可能成为热点。总之，如果不通过科技手段发布出去，就很难带来改变。

现在，以个人身份进行的工作比起以企业名义进行的工作更具价值。如果有人记得“那个人对风险投资特别有研究”，那么就有可能引发全新的行业交流，从而催生创新。如果企业想要打造产业和技术革命的基础，那么跨领域的交流就至关重要。

## 亲身体验和接触社会问题的经验

笔者希望年轻一代的商业人士和学生们，在积极运用前沿技术建立联系的同时，也应亲身走访、接触并体验社会问题，积累这样的经验。

笔者在二十多岁时也曾访问缅甸、东帝汶、柬埔寨等发展中国家，目睹了一些只有亲自前往才能见到的场景。

当笔者目睹生活在贫困地区的人们，他们的卫生状况明显不好，食物也不足时，那种震惊至今令我难以忘怀。坦白地说，因为之前一直生活在日本，所以即便听说过饥饿问题，我对此也完全没有实感。然而，一旦亲眼看到这样的现实，就再也无法漠不关心了。这不再是“遥远国家的事”，而是变成了一个我亲身感受到紧迫性的问题。

这样的经历也成为笔者学习国际合作和环境学的动力。

## 媒体的发掘力下降

在重新审视贫困和不平等问题的过程中，尽管有所延迟，笔者也注意到了许多在当地做出卓越贡献的日本人。

比如，曾担任联合国难民事务高级专员的绪方贞子女士，以及在阿富汗从事人道援助和治水项目，却不幸遭遇枪击身亡的中村哲医生等人。这些人确实作为“点”而存在，但他们的成就并不为一般公众所熟知。

这种现象的一部分原因可归咎于媒体。

本来，媒体应当挖掘那些致力于解决社会问题的人，并将他们的活动通过聚光灯介绍给广大日本民众。

然而，日本的媒体倾向于报道诸如“在非洲等海外地区创业的年轻人奋斗记”这类吸引眼球的话题。当然，确实存在很多非常努力的人，但同时也有许多人，从事着难以转化为视频或文章的辛勤工作。

仅通过这种方式来介绍SDGs和ESG，会形成一种恶性循环，不断地发布和消费这些内容。

媒体也是反映社会的一面镜子。捕捉并广泛报道在海外活跃的日本人，应该能成为一般公众注意到这些问题的契机。

为了推动媒体的变化，我们有必要从自身做起，更加谨慎地选择媒体，并更加积极地发表自己的看法。

## 自1945年以来的巨大冲击即将到来

新冠病毒疫情的全球流行对ESG和SDGs的影响是不可忽视的。SDGs的17个目标中包括了对抗疟疾、艾滋病等传染病的措施。从这个角度来看，新冠病毒疫情也在一定程度上敲响了警钟。

对于生活在日本的人们来说，可能自东日本大地震和阪神大地震以来，还未有过如此深刻地关注自己所处社会的情况。而且，这种情况并非仅发生在日本，几乎全世界都在同一时间面临新冠病毒疫情的挑战。主要城市的封锁、变异病毒株的出现以及疫苗供应的困难，都让每个人不得不思考，为什么世界会出现这样不合理的情况。

也许自第二次世界大战结束以来，世界范围内产生如此广泛共鸣的时期还是头一次。我个人认为这具有巨大的影响。

虽然气候变化问题已经被讨论了很长时间，但现在世界似乎正在以前所未有的方式团结起来。

另外，在这场前所未有的紧急情况下，我们重新认识到拥有想象力和同情心是多么重要。人类很难对自己不了解的事物产生共鸣。对于去过缅甸和没有去过缅甸的人来说，他们从当前报道中获得的印象可能完全不同。

对于反对针对亚裔的仇恨言论的抗议活动也是如此。在日本出生并长大的人，生活在这里，很少会感到自己属于少数群体。然而，一旦离开日本，日本人显然是少数群体。现在，我们需要的不是给人贴标签。

## 重新质疑所有前提

我们所生活的社会仍然不完美。

一个国家的职能、法律体系、政治制度、投票系统……所有这些方面都存在改进的空间。5 年前被认为最优的规则和常识，在今天可能已不再是最合适的解决方案。往往更多的情况是，它们已经不再适用。

全球气候变化可以被看作是对人类长年累月的行为的一种回应。无论企业追求功利主义的态度多么强烈，如果人类自身消失了，所有的努力最终都将变得无意义。对这个事实视而不见已变得越来越困难，也越来越不可能。

这里要重申，现在热烈讨论 ESG 和 SDGs，是因为我们已经达到了一个危机阶段，不仅是一个国家、一家企业，而是所有国家和企业都必须团结起来。每个人都是利益相关者，作为利益相关者，我们必须考虑到社会整体的公共利益。

## 拥有 1.5 倍投票权的选举制度是否可行

作为一个思考实验，让我们探讨一下集体决策的问题。

一人一票的选举制度本身仍有待完善。例如，我们可以考虑赋予年轻人更大的投票权重，比如1.5票，以实现票数的倾斜。政策最大的影响者是年轻一代，包括即将出生的儿童，但“参与决策的人”与“受益人”之间存在不匹配。

此外，在日本，由于经济和政治知识相对缺乏，投票率也处于较低水平。可以考虑引入综合性策略，比如建立一个制度，允许人们将选票集中给自己信任的人，或者在特定政策领域内，将投票权委托给拥有更多专业知识的人的制度。借助数字技术，还可以有更多的选择。甚至从根本上重新审视这个制度也是可以的。

总的来说，我们完全有可能通过改善选举制度，使之更加合理，从而改善社会。维基百科正是如此，它可以被视为一种集体智慧的体现。

虽然改变法律可能需要数年时间，但在现代，随着技术的进步，推特吸引到 5000 万用户花费了 1~2 年，而“精灵宝可梦 GO[①]（Pokemon GO）”在短短 19 天内就达成了这一成就。这提示我们，随着技术的不断进步，可能需要加快社会系统的变革速度，以适应新时代的需求。

## “乘坐资本主义这架喷气式飞机时”

未来，社会变革的速度不会比现在更慢。信息量将呈飞跃式增长，虽然这不是进化论，但“迅速不断地变化”将是生存之道。

我们现在乘坐的是名为资本主义的“喷气式飞机”。在这架“喷气式飞机”的引擎坏掉之前，我们必须进行相当困难的改造。

否定资本主义很简单。对于那些对竞争社会

① 一款基于位置服务的虚拟现实类智能手机游戏。——译者注

感到厌倦的人来说，“去增长”的概念有一定的治愈作用。

然而，从高速飞行的“喷气式飞机”上下来，换乘直升机或其他交通工具并不容易。面对气候变化、贫困和饥饿等全球性问题，没有任何一个国家能够独立解决。即便只有日本从“喷气式飞机”上下来，只要其他主要国家继续乘坐“喷气式飞机”，世界的潮流就不会改变。如果只有在ESG方面落后的日本一个国家提出“让我们下飞机吧”的呼吁，这对于其他国家而言，几乎不具备任何说服力。

笔者并不认为没有比资本主义更好的选择。资本主义并不完美，当前的系统也存在许多无法掩盖的缺点。重新思考“资本主义为什么会出现？”可能有助于开展更为有益的讨论。

把什么样的状态视为理想状态，这个问题会对社会成本产生影响。

我们还需要在观察全球趋势的基础上，思考博弈论，即，如果我这样做，对方就会那样做，那么此时综合考虑后，又应该怎样做。

我们必须在继续乘坐资本主义这架“喷气式飞机”的同时，寻找减少社会不公平并实现富裕社会的方法。

利用技术促进经济发展，应该与社会幸福感相连。

## 经济能否让人类幸福

宇泽弘文是一位生于 1928 年的经济学家。

宇泽先生原本在东京大学理学部研究数学，后来转向关注经济和社会问题，成为经济学家并前往美国。他在斯坦福大学和芝加哥大学继续研究，回到日本后致力于从数理的角度重新审视经济，为日本社会贡献终身，留下了许多杰出的成就，直到 2014 年去世。

宇泽先生的卓越之处在于，他不仅从逻辑上解释“经济学是这样的”，而是持有同情心的视角，认为“如果经济学真的是为了让人类幸福的学科的话，那么像公害这样的社会问题本不应该发生”，直面人类的困境和无能为力。

他在 1974 年出版的畅销书《汽车的社会性费用》至今仍具有重要意义。如果把书中讨论的“汽车”概念替换为“技术”，其内容依然适用。宇泽先生早期便对汽车消耗化石燃料及排放废气等引发的全球变暖问题提出了警告，并倡导引入碳税等环境成本的应对措施。考虑到互联网、区块链等新技术的持续出现，他的理论对现代读者来说，其启发性依然令人惊叹。

他的所有理论都是正确的，对我来说，他是值得尊敬的人物。在当今这个讨论实现可持续社会的时代，从 ESG 的角度来解读他的观点也是可行的。

在本书的最后一章，通过与经济学家小岛武仁的对话，能从经济学的角度解析 ESG 与商业的关系。

# 6

## 第六章

## 特别对话　小岛武仁 × 山本康正

## 进行全球规模的讨论时需要客观

小岛武仁（以下简称小岛），经济学家，现任东京大学大学院经济学研究科教授及东京大学市场设计中心主任。1979 年生，2003 年毕业于东京大学经济学部（作为年级代表），2008 年获得哈佛大学经济学部博士学位。他先后在耶鲁大学担任博士后研究员，斯坦福大学担任助理教授、副教授，并于 2019 年被任命为斯坦福大学教授。2020 年，他接受母校东京大学的邀请，时隔 17 年回到日本，担任东京大学大学院经济学研究科教授及东京大学市场设计中心主任。小岛先生的专长为“匹配理论”和“市场设计”。

山本：自从在哈佛大学结识以来，我与小岛先生已有十多年的交往。我一直感觉小岛先生在公式和理论背景上非常扎实。我觉得您与世界闻名的经济学家宇泽弘文先生有相似之处。宇泽先生也是从数学转向经济学的，拥有基于数学的严谨理论基础，以及能够从这些理论进一步拓展的广阔思维。

我希望能听听小岛先生从经济学角度对可持续性与技术之间的关系等方面的看法。

小岛：我也请您多多关照。

山本：现在，“去增长”模式受到了广泛关注。在书店里，我也经常能看到以去增长为主题的书籍。这一理念旨在摆脱导致气候变化、不平等和分裂的资本主义，以实现一个“去增长社会”。我认为这是一个很好的讨论主题，但同时我也有一种危机感，担心这可能会引起误解。在去增长的论述中，有一种观点认为，新技术使我们失去了真正的富裕，但我觉得许多这样的论点缺乏证据。比如，有人声称像电池汽车这样的“绿色技术如果考虑到生产过程，其实并不那么绿色。”但如果实现了共享经济和机器人出租车，私家车的拥有量应该会大幅减少。我感觉到一种倾向，那就是在低估技术对可持续性所能做出的贡献。我认为，如果社会能够共享足够的识读能力和智慧，我们应该能够找到一种方法，在不必否定资本主义的前提下拓展它。小岛先生您怎么看呢？

小岛：我认为去增长论向如何理解当前状况提出了一个重要的问题。但就如山本先生所说，我也注意到了一些论点缺乏证据支持的情况。例如，有人断言，即使某项技术的发展降低了对环境的负担，但因为它变得更加便利，导致人人都想拥有，因此总体上环境负担反而会增加。我本人并非此领域的专家，无法从定量的角度判断这种说法是否准确，因此我保留我的看法。但对于像气候变化这样的全球性问题，考虑到其广泛的影响，人们很容易变得情绪化。我认为在处理这类问题时，保持冷静的态度或许更为重要。

例如，当我们得出“某些技术可能会加剧环境破坏”的结论时，完全禁止这些技术在大多数情况下是不明智的。技术有其好的一面和坏的一面，取决于如何使用。因此，我们应该通过政策等手段，细化坏的一面，探讨如何减少它们。这就是经济学中所说的“外部性”（一个经济主体的活动，不通过市场而影响到其他经济主体）应该被适当考虑的意思，我认为这样踏实的工作是很重要的。

## 所有指标都是不完全的

山本：确实如此。并不是所有事物都应该完全自由化，不好的方面需要通过规制或非金钱激励来控制。另外，虽然技术发展了，但现在的日本还算不上富裕的国家。国内生产总值（GDP）没有下降，但已经停滞不前超过 20 年了，与美国或中国这样迅速增长的国家形成鲜明对比。如果日本能够成功创新，使国内生产总值增长到与中美相似的水平，那么民众支持去增长的意志可能不会这么强烈。当然，也有关于寻找国内生产总值替代指标的讨论。

小岛：经济学家早就指出了国内生产总值的不完善性。“世界幸福指数排行”等也是如此。它考虑了国内生产总值、健康寿命、个人自由度、贫困指数等因素来评估“幸福度”，但我认为盲目追求单一指标并据此得出结论的态度是危险的。

山本：单凭一个指标是不能轻易判断现实的。要解决这些问题，经济素养不也是必要的吗？

小岛：正如您所说，但问题在于，即使听到了证据，人们也不一定会被说服。这就是困难之处。有研究表明，利用行为经济学中的助推理论（考虑人的心理来推动行为变化的策略）可以改变人们的接受度。学者、研究人员和媒体等信息传播者需要在这方面进行创新。

最近，我就新冠病毒疫苗预约方法提出了政策建议，我切实感受到，要把自己认为正确的知识传递给更多的人，传播方式和传达方法还是非常重要的。

山本：像疫苗这样容易产生谣言的话题就更重要了。如果有媒体在没有证明因果关系的情况下发布“有多少人死于副作用”，整个社会就会蒙受损失。疫苗具有正外部性。接种疫苗不仅能保护自己，还能保护他人，因此必须正确利用其正外部性。但是，如果将眼前的销售额置于社会公益之上，就会引起不好的情况。

## 推动 ESG 政府责任重大

小岛：新技术出现的时候也是一样。不过，我觉得这也是情理之中的事。对于判断自己专业之外的某些事物具有哪些优点，我本人也没有自信。我觉得这是一个很难的问题，但我想知道是否可以通过技术来解决。如果是我，我会看谷歌学术（Google Scholar）上某个研究者的文献被引用的次数等信息，从而大致了解情况。

山本：我认为有很大的空间可以通过调整评分权重来改进。比如，可以使用类似于引用索引（Citation Index）或学术期刊影响因子（Impact Factor）这样的指标为页面排名加权，以此来判断“这不太可能是假消息”。如果能够保持一定的质量水平，情况可能会有所改变。

小岛：这很有趣。但为了保证信誉，必须得到权威的评价，这意味着它很容易变成一种权威主义，从某种意义上说，这也是不民主的。

山本：控制网络上流传的假消息和损害公共利益的信息，是像智慧新闻（SmartNews）或雅虎（Yahoo）这样的平台的责任。这实际上关乎他们能在多大程度上意识到自己在社会中的作用。仅专注于提高点击率是非常危险的。

美国的企业强烈意识到自己应该履行社会责任。许多大企业正在推出符合 SDGs 或 ESG 的经营策略。实际上在日本，类似的趋势已经存在很长时间。“卖方好、买方好、社会好”，即近江商人的三方皆好思想，这种与 ESG 相似的思想在日本由来已久。尽管如此，进入现代之后，这种理念似乎不再像以前那样发挥作用了。

小岛：所谓“贫穷使人迟钝”吗?

山本：在创业界有一种说法：“销售额能治愈一切。”随着销售额的增加，期待感会上涨，动力也会随之提升，人们会觉得“我们是在对社会产生影响。”这种情况确实存在，但这种因果关系是否正确，经济学可能会给出答案。

小岛：关于对社会的贡献和 ESG 经营的框架，如何创造出二者之间的良好配合，确实是一个值得深思的问题。这也是博弈论的一部分。如果站在传统经济学的角度，企业的最高目标是提高利润，因此不应对 ESG 经营寄予过高的期望，这方面应该通过政策来加以弥补。但是，推动政策变革是非常困难的，所以不能仅依赖于此。看看现在日本和其他国家的现状，在推动剧烈变革之前，是不是有些政策是必须要落实的？我认为政府在这里需要发挥的作用可能比我们想象的要大。

## 新冠病毒疫情凸显出日本的弱点

山本：如果政府能够更多地融合经济学和科学两方面的知识，确实可能会有所改善。在这次的新冠病毒疫情中，虽然许多政策可能对选民有吸引力，但它们并不一定基于科学或经济理论。为了改变政府，首先需要改变投票行为。

小岛：作为经济学家，我们也有反思的地方。在这次新冠病毒疫情中，我个人认为自己还有更多的事情可以做，并且也发布了政策报告，但一开始很难得到社会的认可。直到被全国性报纸报道后，情况才开始有所改变。从这个意义上讲，这让我深刻感受到媒体的力量，以及经济学等学者所拥有的专业知识，实在是太不为人知了。这可能既是传播方面的问题，也是接收方面的问题。我认为这与山本先生提到的“技术的传播需要时间”这一主张有共通之处。如何有效建立连接，这在日本似乎还是薄弱环节。

山本：据我所见，那些能够准确捕捉到新技术出现时对经济带来的冲击的人还是相当少的。

例如，当互联网刚刚兴起时，预见到它会推动电子商务的兴起，并使得支付方式发挥重要作用，这是由贝宝（PayPal）首先提出的。但在日本，却没有能够类似地扩展到国际市场的企业出现。当然，有一些努力的初创企业，但它们没有达到能够确保市场份额的程度。

经济学和科技是相辅相成的关系。如果说某个经济模型适用于当前社会，就像是大河的流动，那么新技术的出现就好比在河流中开辟了新的水渠，带来了“这边也是可行的”这样的可能性。然而，新的沟渠中常常会出现许多可疑的人物，如何做出正确的判断就变得困难。

有一位名叫克莱顿·克里斯坦森（Clayton Christensen）的著名管理学者，他提出了“创新的困境”这一概念。即便是像他这样，在创新和企业研究领域享有威望的学者，也曾预测 iPhone 不会成功。这表明，即使是像克里斯坦森这样的专家，也不可能总是百发百中。

小岛：从经济学家的角度来说，获得诺贝尔经济学奖的著名经济学家保罗·克鲁格曼（Paul Krugman）在 1998 年左右曾主张“互联网对经济的影响将与传真机差不多。”一个看起来像专家的人的预言，几十年后再看的时候却很离谱，这是常有的事。

山本：尽管如此，企业必须不断地评估新技术的潜力。当面临这种判断时，像本书的读者这样的大众群体，应该相信什么，怎样去获取信息才好呢？

小岛：这是一个非常困难的问题，但有两种态度是必要的。一种态度是尽可能不要轻信“未来会怎样”的预测。也就是说，要认识到不确定性很高，这一点是很重要的。在科学技术的基础研究领域，成功与否很难预测，因此需要在一定范围内进行投资。“今后这个领域绝对会大受欢迎，我们应该集中精力在这里”的态度，往往会适得其反。

另一种态度是，如果是某种程度上已经被验证的技术，那么亲自尝试使用是一个很好的起点。这或许是一个不错的开始。

山本：毕竟，百闻不如一见。

## 重新认识货币的真正价值

山本：这也与刚才关于替代国内生产总值的新指标的话题不谋而合，您在经济学的角度上如何看待数字货币的普及？如果全面转向数字货币，那么从宏观上就能捕捉到钱的流向了吧。

小岛：就数字货币而言，我认为“实际上能捕捉到多少”是需要考虑的重点。例如，我最近对食物浪费问题很感兴趣，你知道有向贫困人群分发食物的“食品银行”吧。但是，从美国的案例来看，实际上有很多导致肥胖的食物，如碳酸饮料和糖果，被送去后又被丢弃。因此，如果真的想要解决食物浪费问题，不仅要知道送什么合适，还要了解他们平时吃什么，送东西后节省下来的钱是想用来买蔬菜，还是会花在完全不同的东西上。如果不能把信息收集到这个程度的话，是无法提供根本上的援助的。因此，如果数字货币能够更好地捕捉消费情况，那么我们可以期待能够采取更有效的措施。

我对此抱有很大的期待，但同时也有所担心。例如，在新冠病毒疫情期间，很多地方政府设计了地方振兴券[①]。如果这个时候使用数字货币，虽然这是一种强大的工具，但同时也非常需要良好的治理。经济学中的常见讨论是，如果创造只能在特定地区使用的货币，往往会产生低效率。因此，也有可能出现这样一个悖论：如果数字化使得地方政府能够轻易地创建易于使用的货币，反而可能对社会整体产生不良影响。需要慎重考虑到什么程度的限制是可持续的，以及地方政府投入税金是否具有

---

① 为了激活地方性消费而发放的代金券。——译者注

意义。

山本：所以这取决于相关制度的设计。毕竟，仅使用日元交易的便利性是无与伦比的。但是，如果能够充分利用数字货币的优点，也许能够大幅降低成本。

小岛：在美国有一个名为“喂养美国”（Feeding America）的食品援助非营利组织，他们实施了类似代币经济[①]的措施，并且取得了成功。这是怎么回事呢，以前向各地的食品银行或食品储藏室发送食物时，往往不清楚哪个食品银行需要什么，这导致了很多混乱。通过创建一种代币经济，“鸡肉、罐头、尿布，你用多少点数买哪种？”变成了一种类似拍卖的机制，从而使必需品能够被合理分配。

提出这一机制的经济学者收到的一句话给我留下了深刻的印象。食品储藏室的运营者告诉他：“我讨厌资本主义，我经营食品储藏室是为了纠正不

① 一种基于区块链技术的新经济概念。代币不仅是价值的传输媒介，还可以代表资产、服务或者是投票权等多种权益。——译者注

公。然而，最终我们发现，引入一种极其接近货币的代币经济体系，竟然成了实现合理支援的有效方式。”货币的美妙之处就在于此，它是获取所需物品的价值交换手段。我们或许应该回归到基础，重新认识这一点。

## 应始终全方面审视环境负担

山本：持续高速增长的中国在世界上率先开始运用数字人民币，与此形成鲜明对比的是，日本开始支持“去增长”“国内生产总值不用增长”的观点。如果这一趋势持续下去，日本可能会被世界资金所抛弃。如此一来，研究经费就会被削减，也就不再被选为投资对象，技术进步自然也就落后了。这从安全保障的角度来看，也会使日本处于弱势。

面对这样的未来，我在思考，我们真的可以说“我们不成长也可以”吗？

小岛：正如您所说。即使去增长被证明对环境有益，这也不是一个国家能够单独做到的事情，这是一个重大问题。因为这是地球环境问题，即使是以单个国家为单位来制定政策，也难以顺利实施。

尽管旧金山湾区有严格的环保规定，是一个环境优美、城市规划良好、非常宜居的富裕城市区域。但原本能够容纳更多人居住的地方，因部分规定导致的地价飙升，让许多人无法居住，转而流入环保规定较弱的得克萨斯等地。结果，从整体来看，环境负担反而增加了。我们需要时刻意识到，地方和国家层面是否也发生了同样的情况。

山本：在您的专业领域，如博弈论或匹配理论，是否有可能解决这个问题的方法？

小岛：遗憾的是，目前还没有一个很好的解决方案。例如，在国际问题上，考虑到在缺乏执行力的状况下，所有人都能接受的条约能达到什么程度。虽然有各种分析，但从我的角度来看，前景仍然难以预测。

## 如何弥补理想与现实的差距

山本：理想论与现实之间的差距，实际的限制是什么，这是政策制定者和利益相关者应当知晓的。小岛老师作为东京大学市场设计中心的中心主任，您如何传达在存在差距的背景下进行有效设计的理念给大家？

小岛：我自己也还在研究中。经济学的研究本身，曾经停留在这样一个阶段：社会福利的理想是这样，但实际是不同的，因为政治上是这样决定的。但从 20 世纪 90 年代后半段开始，认真分析这些问题的研究逐渐增加，我认为将来应该继续进行。这不仅是市场设计的问题，也是整个博弈论的问题。

但是，研究毕竟是需要时间的，如果在我们研究的过程中世界就毁灭了，那就太糟糕了。因此，我希望能有更多的学者，不仅是进行研究，也要关注现实世界并投入其中。个人而言，我也意识到自己需要在这方面加强努力。

在对此进行反思的基础上，我们现在正在努力，在已经确定的规范不能改变的限制下，如何才能构建更加合理的系统。幸运的是，这种尝试正在取得成功，并能够为自治体提供咨询服务。我真的还在学习过程中，强烈地感觉到有些东西只有实践过才会明白。

山本：为了实现社会的实际应用，我们必须掌握详细的系统规格。

小岛：确实如此。通过与政策负责人的交流，我们能够学到很多，这对我们来说受益匪浅。但往往这种学习仅限于当时的特定场景下，我们双方也往往因为过于谨慎而未能深入探讨。

## 向年轻商业人士传达的信息

山本：处于行政机关内部时，很难坦率地表达真实想法。这与新技术的情况相似。大多数情况下，新技术只有在存在危机感时才会被引入。但是，从经济合理性的角度来看，应该在尚未完全锁定供应商之前，从平常时期开始就应该不断引入新技术。今后，无论是研究人员、企业还是自治体，都需要不断更新的态度。

在这一点上，如果您有对日本的商业人士的建议，请一定要告诉我们。

小岛：正如山本先生强调的，无论是自然科学技术还是社会科学技术，保持对广泛意义上的各种技术的开放心态非常重要。

近来，企业难以对员工下达“明天起请单独去偏远岛屿工作”的命令。那么，如何才能既实现员工的愿望，又让公司的事业顺利运转起来呢？我认为，许多公司过去主要通过人力解决这一问题，但基于匹配理论的自动化算法可能会创造出合适的框架。因此，我正在推进这方面的研究。如果我们仔细观察，就会发现有许多这样的尝试。因此，我希望大家能够保持敏锐，关注这方面的动向。

我刚提到的例子也可以从可持续性的角度重新理解。以前可能只需派遣男性员工单独出差，但随着双职工家庭的增加和留守儿童等问题的出现，这种模式已经不再适用。日本当前面临的情况几乎达到了国家危机的级别。因此，我们必须利用所有可用的人才和人力资源，不分性别，做所有可能的事情，并且必须不断引入新科技。

## 没有决策能力的年轻人的优势

山本：向日本的大企业提出要求这一点当然很重要，但对于那些还没有决策能力的年轻一代商业人士，有哪些需要注意的点吗？

小岛：我认为应该意识到，听到新技术或流行趋势时，尝试将其传达给上一代人是很重要的。在对新技术的敏感度上，年轻人绝对更胜一筹。最近，有一个30多岁的优秀年轻人，他知道了我们的匹配理论，并向人事部部长介绍了“听说有这样的技术”这样的话题，这成了我们与那家企业合作的契机。主动担任信息与决策者之间的桥梁，我相信能够带来积极的改变。

山本：这非常重要。在日本，年功序列[1]制度仍然根深蒂固，经验丰富的资深前辈似乎无所不知，但要说接触新信息和流行的机会，年轻一代显然有绝对的优势。越是处于繁忙职位的人，就越有可能存在接触不到的盲区，这些领域的信息往往只能由下级传递。

小岛：在我们研究者的领域也是一样。我自己虽然是研究者，但掌握最新信息的往往是年轻人。年轻人教给我们新知识，这既不是什么可耻的事，也不是什么问题。老一辈应该从年轻人那里学习新事物，并好好帮助年轻一代。在组织成长的过程中，形成这样的循环非常重要。

## 老年人信息差加剧

山本：与企业管理层实际会面后，可以明显感

① 日本的一种企业文化，以年资和职位论资排辈，订定标准化的薪水。——译者注

受到，那些心胸宽广的人会更加真诚地向年轻一代学习，并且吸收得更快。而那种持有“年轻人懂什么，根据我的经验是这样的”态度的人，年轻人也就不愿意跟他们交流了。实际上，老年人之间的信息鸿沟也在不断扩大。我认为，这种代际间的信息断层，在很大程度上给日本带来了困扰。

不过，在由众多前辈构成的组织内部，也需要判断应该向谁传达信息。有时候，直接向直属上司提出想法可能会被压制，但冒险直接向高层传达，结果可能出人意料。

以前，被称为大转变的事态，可能每 100 年才发生一次。但现在，几乎每三四年就会出现一次翻天覆地的变化。当 2008 年区块链和比特币首次出现时，仅有少数工程师了解其存在。然而现在，几乎每个人都能够讨论比特币。如今，类似的种子也在某处被播撒，寻找这些种子是投资者的任务。但实际上，如今，拥有这种寻找种子的视野，对每个人来说都变得越来越重要了。

## 优秀学生已具备 ESG 视野

小岛：这可能是有些基于个人感受的话题。从今年 4 月开始，我开始在研究室中教授本科生。因为是东京大学的学生，所以我原本有种刻板印象，认为他们可能都是应试教育下的精英。但实际上与学生们接触后，我发现完全不是这样。有很多学生都在以自己的方式积极参与环境保护活动，对国际合作充满热情，甚至有的学生还创办了自己的初创企业，远远超出了我的预期。至少与我们当年还是东京大学学生的时候相比，这样积极主动的学生数量是难以想象的。研究人员也是一样，不再是孤立于象牙塔之中，而是有越来越多的人带着解决社会问题的意识进行研究。

山本：是这样啊。我自己原本在东京大学研究室院学习环境学，一直在研究可持续性、碳税和碳信用等从经济和法律角度出发的框架，但当时我周围还没有形成这样的氛围。

不过，看着最近的年轻一代，我能明显感觉

到，不再依赖传统品牌的人群在增加。对选择区块链、AI 等父母一代完全不了解的领域的企业，年轻一代的抵抗感明显减少了。总之，刚毕业就进入贸易企业的人已经不是多数派了吧。

这也证明了企业与学生之间信息不对称的局面正在被打破。过去，对于外部人士来说，企业就像一个黑盒子，只有加入之后才能了解更多。但现在，学生通过实习等方式能够了解内部情况，结果自然是能够去到他们真正想去的地方。就业网站的增多和细分也起到了叠加效应。在当今经济发展背景下，优秀学生转向初创企业而不是大公司，从某种意义上看，也是自然的事情。

## 新冠病毒疫情对经济学的影响

山本：话说回来，这次新冠病毒疫情给经济学带来了怎样的影响呢？

小岛：首先，理所当然地，由于新冠病毒疫情这一震撼全球的事件，受到影响的研究者们发布了大量的相关研究。有一个 SIR 模型，即捕捉人与人直接传播的传染病流行动态的数理模型，将这个模型与宏观经济学结合的研究非常流行。

如果要简单地解释给非专业的读者，这类研究探讨的是尚未感染该病毒的人群、已感染的人群以及感染后康复的人群随时间的变化，以及随着这些变化，经济活动将如何受到影响的问题。研究涉及许多不同的变量，包括封锁措施的效果等。可以看出，研究者们纷纷投入新冠病毒的研究中。当然，也有人对此持批判态度，研究的价值似乎也良莠不齐，但我认为，许多专家致力于社会重要问题的情况本身是非常好的事情。

另一个虽然是次要的，但从长远来看可能很重要的一点是，只要是必要的知识，就可以进行跨领域的融合。也就是说，对所谓的跨领域研究的抵触感，在新冠病毒疫情之后似乎有所减少。经济学家与传染病研究者之间的对话机会实际上大大增加了。我也正是这样。我持续参与了与医疗工作者和政策制定者合作的项目，共同探讨疫苗接种券合理分配方式的问题。这样的合作并不仅限于国内，国际上也有许多类似的合作案例。

此外，不仅是经济学，整个学术领域的问题可能都是如此。在类似新冠病毒疫情这样引发全球关注并造成巨大伤害的事件中，迫切需要快速产出研究结果，这使传统的同行评审系统在质量控制方面遇到了相当大的困难。首先是数量太多，面对海量的研究成果，即便想要投入时间进行同行评审，也难以找到足够的专家进行评审。自然科学领域同样面临这一问题。我之前提到，判断信息可靠性很大程度上依赖于专家的认证，但当这些应该提供认证的专家自己也陷入困境时，我们应该怎么办？这正是新冠病毒疫情带来的一个具有挑战性的问题。

山本：原来如此。这与风险投资在结构上有相似之处。当 AI 变得流行时，突然之间会有很多不同的 AI 创业公司出现，但它们的质量参差不齐。

小岛：是的。虽说不能错过那个时机，但因为大家都这么想，所以实际上很难。

山本：另外，像比特币这样的非常规发明也可能突然出现，这也是我们不能忽略的。

## 匹配理论可以更多地应用于商业吗

山本：我还有一个问题想请教小岛先生，所有的商业活动都可以说是消费者和供应者的匹配，对吧？互联网使得信息不对称性减少，我认为各种匹配的可能性已经扩大了，但是在商业应用中使用的匹配理论，在印象中却不多。谈到博弈论，似乎更多是关于地方自治体或公益法人等公共部门的讨论，在商业领域却不怎么被提及。这是为什么呢？

小岛：这是一个非常好的问题，我也对此感到困扰。在我的专业领域，即匹配理论中，有几种方法可以提高市场效率，其中一个重要的方法就是所谓的增加市场的厚度。

简而言之，考虑到拥有多种技能的企业和寻求各种需求的企业的匹配，通过开设市场，“想要在下个月这个时候一起开店的人请来，想要购买的人请在这一天来”，通过集合所有人，进行多次拍卖，从而形成能够成功匹配的机制。

匹配理论在公共领域被广泛使用的一个原因是，这种领头的行动更容易实施。匹配变得更加容易。

但在商业领域，限定时间段往往不适合实际情况，而且匹配所有积压的订单，可能最终导致市场效率降低。是不是这些因素叠加在一起的原因呢？

山本：当新技术出现时，很多人不知道如何在商业中应用，这种情况在所有年龄层都很普遍。作为判断材料之一，我认为，平时就应该去想象，从理论上来说理想状态是什么。这在商业中很重要。这也与最终趋同于经济合理性的印象不谋而合。

小岛：有一个思考的框架是很好的。为什么在商学院会讲授像经济学这样的纸上谈兵的学问呢？因为告诉大家理想状态应该是这样的，市场失败是这样的，这件事情果然还是很有意义的。

稍微讽刺一点儿说，如果是经济学，我们会讲授“市场失败的主要原因之一是少数企业的垄断带来负面影响”。但在商学院教授同样的内容时，可以说“如果没有垄断利润，就无法获得超额利润。

那么，我们的企业如何在这个领域获得垄断利润呢？”这样的说法也是可行的。我认为掌握这种思维方式和框架是很重要的。

## 建设专家能自由发表意见的体制

山本：那么，换个角度问一下，2020 年时，担任厚生劳动省聚集对策小组成员的西浦博教授，使用类似 SIR 模型的模型实时预测并公布了新冠病毒的流行情况。但是，媒体只截取了“东京的死亡人数可能达到数万人”这样的耸人听闻的部分，导致了强烈的舆论抨击。面对这样的情况，作为一名经济学家，需要如何注意研究成果与社会期待之间的平衡呢？

小岛：这是一个非常困难的问题。但我如果有机会进行这样的发言，我会尽量在个人层面上保持言语方面的准确性。

另外，这可能听起来不负责任，但我认为，研究者能够自由发表此类建议的环境比什么都重要。

即使西浦教授的预测没有成真，大学也不应该解聘老师。即使是风险很高、难以获得支持的预测，也应该在全社会范围内建立一个能够保护研究者传播信息的机制。

山本：当然，这应该是社会健康的一部分。

小岛：确实很难把握平衡。比如，有传统观点认为，负责金融政策的人不应该通过政治选举产生。法官等也是如此。作为一个类似的结构，建立一种不对研究人员短期的“成果”给予过度激励的机制，可能会促进形成一个更容易发表专家见解的社会。不是为了自己，而是为了社会进行发言，这样的定位对研究者来说可能更容易实现。当然，这也可能与臭名昭著的终身聘用制度相关。但是，我认为终身聘用制并不全是弊病，也有其意义，保持这样的观点也是很重要的。

## SDGs 中政府和企业的角色分担

山本：最后，我们再回到可持续性这个主题，例如在SDGs的17个目标中，有些领域难以商业化，而有些领域则相对容易商业化。也有人认为，如性别平等和饥饿问题这样难以商业化的问题，应该由各国政府或非营利组织承担，而不是由企业承担。但这样一来，这些领域的技术创新自然就会变得更加困难。您对这种现状的分工有何看法呢？

小岛：如果站在传统经济学的角度来看，不赚钱领域的企业就不插手，从某种意义上来说，我认为这是一种无奈之举。在这方面，首先不得不采取政府介入的方法。

但是，政府的角色分配至关重要，即政府究竟应该做到什么程度。是政府应该全面负责业务，还是应该从某个点开始让企业介入，创造出能够赚钱的机制，即如何设置激励措施的问题。

以学校运营为例，公立学校存在的一个重要原因是教育具有外部性。因此，世界上许多国家的教育都是由公共机构负责的。但是，运营本身并不一定需要政府来做，实际上，美国的所谓的特许学校模式是公共资金支持，但学校运营由私人承担，这一模式已经取得了一定的成效。考虑到成本意识、优秀的运营构建等，企业擅长的领域可以被有效利用，这通常是更为合理的。政府和企业的激励机制本来就不同，因此，让政府做好应该做的事，在此基础上，明确从哪里开始，我们自己能做什么，这种态度是非常重要的。

山本：未来，区块链、智能合约（Smart Contract）以及创造数字空间所有权的 NFT 等新技术和工具将不断涌现。我相信，通过经济学与科技的紧密结合，社会就会得到优化，世界就会变得更好。

为此，行政机关、学术界、私营企业之间的沟通应该在日本变得更加活跃。我也希望，经济学作为社会与学术界之间的桥梁，能够促进更多这样的交流。

在商业中，利润是重要的目标之一，但并不是唯一的目标。为了实现更好的社会，我认为经济学还可以作为将理想转化为现实的框架，被进一步利用。

# 结　语

ESG、SDGs 等许多词在我们周围的出现频率越来越高。许多企业也在使用这些名称进行市场营销。但请停下来思考一下，这些词为何会出现。“希望让社会变得更好。”拿起这本书的许多读者，可能都怀有这样的想法。

那么，具体该怎么做呢？之于个人的话，做一些身边的志愿活动；之于大企业的话，则可以利用利润的余额进行慈善事业，这都是非常好的。但是，还有更多可以做的事情，例如，稍微改变自己的商业模式，也会对社会产生更大的影响。

为此，掌握最新科技知识是必不可少的。过去，成本高昂，无法实现既获得利润又能对社会做贡献的事业，但在不久的将来，能够兼顾两者的事业就可能实现。我们正处在一个不断寻找这样机遇的时代。

对个人而言也是如此。在不经意间生活中，我们可能会发现自己的生活方式实际上已经对社会和环境造成了负担。无知可能会成为一种罪过。那么，为了避免这种情况，我们该怎么做呢？通过掌握和了解最新科技，我们的选择会变得更多。

“是政府或决策者不明白，所以世界运行得不太顺利。”这样的抱怨是容易的。但是，通过选举或资产配置等方式，个人在形成这样的系统过程中，也有充分的参与空间。

我们必须要用言语表达出来，要有意识地去追求。一旦忘记了这些权利的宝贵，就可能被怀有恶意的人用看似美好的话语欺骗。和平也是一样，必须有意识地追求和付诸具体行动，否则就会陷入我们不希望发生的冲突或是单方面的攻击之中。

在日本，存在一种“沉默是金”的风气，但在欧美，有“沉默就是赞同”的解释。在日本，许多人可能会觉得一些问题与自己无关。如果在这些关键时刻选择沉默，在国外，这种沉默很可能会被视为对歧视行为的默许。

在日本，让他人体察自己的意见是一种美德，但在国外，这种做法反而会适得其反。

此外，现在是任何人都可以在媒体发表信息的时代。

如果放任不管，过激的意见就会泛滥，而谦逊的人的意见就会被埋没。为了防止这种情况，我们能做的事情有很多。

日本擅长打出头鸟，但如果继续这样做，像环境问题这样存在“不合适的真相”的问题，就不可能得到解决。

抓住正确的论点进行批评，是解决不了任何问题的。

更何况，这不仅是一个国家的问题，而是全世界的问题。

日本不仅在1956年的水俣病等国内环境问题上有经验，还与京都议定书和九州·冲绳峰会决定成立的全球基金等国际环境问题也颇有渊源。但是，也许因为语言障碍，在处理国际环境问题这一点上，我感觉还没有完全传达日本的态度。环境省从厅升级为省也还是 2001 年的事情。

按理说，在海外享有高人气且拥有技术实力雄厚的京都大学的京都，以及最近被列为世界自然遗产、同样拥有高水平技术的冲绳科学技术大学院大学的冲绳，本应有许多机会使用英语向全世界传播其信息。然而，遗憾的是，当前能够实现这一目标的人才仍然不足。

我衷心希望本书能缩小这种差距，让每一位读者都能带着课题意识，和身边的人开始讨论。越是复杂的问题，大家的意见就越不一致。不可能从一开始就突然找到正确答案。和不同的人讨论，得出更精炼的见解。

只有专家才能发表意见的风气是创新的阻碍。要在一个没有正确答案的世界中生存下去，唯有不断提问和更新假设。

不仅是在研讨会上向讲师寻求正确答案，在变化的时代里，要时刻准备好把最新的技术和世界动向融入自己的头脑。

如果能交给专家处理该有多轻松。遗憾的是，像处理技术问题一样，环境问题也不能外包。它必须被自然地融入我们的工作中。

认为“与我无关”的旁观者，或是仅指出问题如“这个词的使用方法不正确”而不提出解决方案的批评者，也许会觉得轻松。但在环境问题上，我们都是相关者。无论是否愿意，我们掌握着下一代想改变也改变不了的行动杠杆。

如果放任不管，个人追求利益的行为可能会导致“公地悲剧[1]”，使社会整体遭受损失。如果读者认为“我有良知”，那么请意识到，“我们不采取行动”就会导致放任他人的自私行为，这是一个重大的机会损失。

最后，我要感谢教授我环境学基础的吉田老师、高木老师、国岛老师、凑老师、山路老师、佐藤老师、松桥老师、茂木老师、绳田老师，以及曾任开成学校校长的柳泽老师等许多前辈，还有丁韦

① 是指公共资源因个体自私行为而被过度消耗，最终导致所有人利益受损的现象。—— 译者注

得・克拉克（Dwight Clark）先生、BofA证券（前美林证券）的林先生、从斯坦福大学转至东京大学的小岛先生，以及一直支持我的美日领导力项目（US-Japan Leadership program）的所有人，还有提供编辑和宝贵意见的阿部先生和多田先生。

这本书汇集了我从许多前辈那里学到的知识。比起学术上的严谨性。它的目的更是成为引起兴趣的契机。希望读者在读完这本书后，还能继续追求更多样的“知识”并将其反映在行动中。我衷心希望，读者们也能像我一样，将关于环境问题、社会问题的信息传递给下一代，跨越世代和职业，将环境和多样性的讨论变成日常，并融入我们的日常行动中。

**山本康正**